高層湿原の修復
（志賀高原）

自然石を組んだ棚田
（清水市両河内）

自然の状態を残した海岸（豊橋市遠州海岸）　　人工化された海岸（湖西市遠州海岸）

のどかな感じを残す路面電車（京都市太秦(うずまさ)）

車道と歩道を隔てる
幅のある緑地帯
（ドイツ：ハンブルク市）

河川敷につくられた
小さな池
（ドイツ：エルベ川）

直線の河道を埋めて新しい流路をつくった（ドイツ：ミュンヘン市）

ビオトープ型社会のかたち

ビオトープ型社会のかたち

小杉山　晃一　著

信 山 社
サイテック

はじめに：持続型社会とビオトープ

　本書で説明する内容には、特に新しい知見や新しい発見に関することは含まれていない。どのテーマもすでに多くの書物によって書かれた内容ばかりで、一部はすでに常識となっている。しかも、環境問題に関しては考え方を議論する時代はとうに過ぎ去り、現在は具体的な技術や事業に関する試行錯誤が進められている時代である。そんな状況でなぜこのような本を出さなければならなかったのか。

　ひとつは、"離れて見ること"を勧めたいと考えたからである。

　自然環境の保全を目的に研究や運動を行なっている人の中には、エネルギーの問題、廃棄物の問題、汚染物質の問題などがやがては工業的な技術によって解決できる、と考えている人が思いのほか多いように感じられる。これらが自然環境と直接ぶつかるような問題 ― 例えば藤前干潟でゴミの減量策が議論されたように ― が生じない限り関係する部分は小さいと考えているのかもしれない。逆に、廃棄物やエネルギー等の問題に関わっている人の中には生態系の問題に明るい人は少なく、人間社会の論理だけで物事を判断しがちになってしまう。

　もちろん、個々の問題が膨大な知識を必要とするので、専門的に高いレベルをめざすなら細分化してしまうのは当然のことかもしれない。しかし、環境問題の多くは複雑につながっている。新しい材料の工夫が新しい有害物質を生み、有害廃棄物のより効果的な処理に大量のエネルギーを必要とし、エネルギーを確保するために森林が切り開かれ、生じた廃棄物のために谷が埋められる。このような問題の連鎖を見わたすには、今かかわっているテーマから少し目を離して見た方がよい。

　書店のコーナーを見てまわると、地球環境問題の解決については工学者の独壇場といった状況がある。多少は生態学者の出番があるようだが、それも限られている。しかし、工学者の使う"生態系"という用語には、身近なメダカや

カワセミなどが住む"ふるさとの自然"のニュアンスが感じられない。都市計画や森林計画などの土地利用に関わる分野も含め、相互の問題を突き合せて整合性を取らなければ分野と分野の間の矛盾はそのまま残ってしまうのではないだろうか。そんな感覚をいだいてしまう。

　環境問題は経済成長の継続を前提とした場合、人口の増加ともつながって両立の困難なジレンマ・トリレンマと言われる状況を作り出す。本書では経済との関係については深く踏み込むことをせず、次のテーマとして棚上げにした。経済成長について考えるとしても、その前に環境制約を確認しなくてはならないと考えたからだ。限界をどのように社会のしくみのなかに取り込むのかを慎重に考えなくては、持続可能な経済システムは浮かび上がってこないだろう。

　もうひとつは、この本の考え方を中学生くらいの若い人達に知ってもらいたいと考えたからである。

　書店のコーナーには、専門家が専門家にあてて書いた難解な本が多数並んでいる。それぞれの分野の初学者達は、その道の第一人者が書いた新刊を手にして最先端の知見を得る。活動事例を紹介した本も多数出版されている。これらの事例集を参考に実践家達は自分達の次の活動に応用する。もちろん、中には中学生、高校生を対象とした本もあるが、環境問題が起こるしくみを分かりやすく解説したものや活動の手引きといった個別のものが主体で、本書のような切り口のものはなかった。

　若い人たちは、政治家や大会社社長の不正を見せられ社会に対する希望を失いつつある反面、根拠のない明るい未来を期待している節がある。希望は生きる力につながる重要な要素だが、空虚な夢想は問題解決には無力である。自分達が生きている間には、生ゴミを燃料に動くタイムマシンも、火星への移住も、有害物質を一瞬に消すスプレーもありえないことをはっきりと認識し、今ある技術、資源を使って何ができるのか、そういった地道な解決策を探ってほしいというメッセージを受け取ってもらいたい。

　そのため、するりと読み進められるように表現には相当の工夫をしたつもりである。専門用語を避け、煩雑な数値や計算式を省き、中途半端で理解に困る事例は割愛した。法律を本文からはずしたのもそのためである。とにかく最後

までするりと読み進めてもらうことを念頭に置いて書き進めた。基礎知識の十分にある方々でその点が気になった場合は、巻末の参考書や専門書で深めてもらいたい。もし、こうした努力にもかかわらず難解な部分があるとすれば筆者の能力不足である。

　本書は、最初マクロな目で"ビオトープ運動"、"ビオトープ事業"を見直すことを目的に書き始めたものであった。海外の自然環境保全事業を参考にしたり、保全生態学やランドスケープエコロジーの最近の成果を取り上げながら、ビオトープ作りに汗を流している人たちを応援したいとの願いから書き始めた。この人たちこそ、理念の大きさと実現可能なことの落差を埋めるべく努力している人たちだからである。しかし、なぜ自然が大切なのか、なぜ野生生物が大切なのかの説明をあれこれ工夫しているうちに、テーマは広がり、ビオトープを少し離れたところから見たような内容に落ち着いた。実は、限界論や社会システム論が、筆者がここ15年ほど追いかけてきた本当の専門領域である。

　しかし、いずれにしてもこの分野のことは多かれ少なかれ書いたと思う。ビオトープ作りは資金に余裕のある人が行なう贅沢な庭作りではなく、地球の支配者を自認する人類の他の野生生物に対する慈善事業でもない。世界中が目的としている持続可能な社会を構築するための基盤として、自然環境の保全が必要なのである。持続可能な社会を考える場合に自然環境の保全は抜きにはできないし、自然環境保全を考える時には社会システム全体の中で考えなくてはならない。

　私たちのライフスタイルは、ひと昔前と比較して格段に多様になってきた。この傾向は今後も大きくなっていくと考えられる。しかし、持続可能な社会のありようには、それほど多様な選択肢はない。人によっては窮屈な社会であると感じるであろう。不自由な社会であると感じる人もいるかもしれない。しかし、筆者は、この残された数少ない選択肢の中にこそ本当の意味で豊かで生き生きとしたライフスタイルがあるのだと信じている。

なお、本書に関わる研究テーマの一部において、常葉学園短期大学附属環境システム研究所の基礎研究費の助成を5年間に渡って活用させて頂いた。ここで改めて感謝を申し述べる。また、共同研究者として議論につきあっていただいた平井一之氏を始めとして、研究所の木宮一邦教授、山田辰美助教授、半田孝司助教授、宮原務教授、松本雅道助教授ら、多くの先生方からは示唆に富んだご意見をいただいた。この場をお借りして感謝の意を表する。

　筆者は数年前より、ある河川の源流部の山村に自作の家を建て、手づくりを楽しみながらゆったりとした田舎暮らしをしている。夏には自宅前の渓流で涼をとり、冬には薪ストーブの炎を見つめて夜長を過ごしている。こうした暮らしが豊かであると考えるかどうかについては、人それぞれの多様な考え方があると思うし、筆者も時折街に出て商品の購入を楽しむことがある。ただ、筆者が自然に関する書物を書き始めたのは、こうした暮らしの中に持続可能な社会に至るヒントを見ているからである。こうした暮らしを楽しく共有してくれている妻と子供たちに改めて感謝したい。

目　次

はじめに

序 *1*

第1章　工業社会の限界 *5*
❶ 4つの環境制約 *5*
地球環境問題の根本は物理的問題である *5*
物質とエネルギーの循環 *6*
限　界 *9*
速度制約 *10*
面積制約 *11*
資源制約 *12*
汚染制約 *14*
根拠のない科学技術待望論 *15*
❷ 技術による対応の限界 *18*
温室効果ガス抑制の限界 *18*
エネルギー代替の限界 *19*
食糧増産の限界 *21*
廃棄物処理の限界 *24*
❸ 技術は自然環境を必要とする *27*
温室効果ガスの吸収 *27*
汚染された環境の浄化 *31*
有機物系廃棄物の再利用 *33*
将来の技術の姿 *34*

第2章　自然の価値の再考 …………………………………………… *37*

❶ 自然の利用価値 ……………………………………………………… *37*
　　現在の資源としての価値 ………………………………………… *37*
　　将来の資源としての価値 ………………………………………… *39*
　　環境安定装置としての価値 ……………………………………… *40*
　　こころのよりどころとしての価値 ……………………………… *41*
　　発達・発育の場としての価値 …………………………………… *42*
　　技術のモデルとしての価値 ……………………………………… *44*
❷ 自然によって維持される生命 ……………………………………… *46*
　　栄養を作り出すはたらき ………………………………………… *46*
　　栄養を運ぶはたらき ……………………………………………… *49*
❸ 自然がもつ固有の価値 ……………………………………………… *53*
　　ヒトゲノムの解読が示すもの …………………………………… *53*
　　ディープエコロジー ……………………………………………… *54*

第3章　自然環境の現状 …………………………………………… *57*

❶ 生物種の絶滅 ………………………………………………………… *57*
　　過去の絶滅と今の絶滅 …………………………………………… *57*
　　絶滅の原因 ………………………………………………………… *58*
　　絶滅の危険に瀕している生き物 ………………………………… *64*
❷ 自然環境の価値を評価できない社会 ……………………………… *67*

第4章　自然の何を保全するのか ……………………………… *71*

❶ 種と種の間のかかわりあいを保全する …………………………… *71*
　　互いに生かしあう関係 …………………………………………… *71*
　　競いあい譲りあう関係 …………………………………………… *74*
❷ 通り道を保全する …………………………………………………… *77*
　　生活史に応じてすみかを変える ………………………………… *77*
　　移動経路 …………………………………………………………… *78*

- ❸ 分布の歴史を保全する ………………………………………… 81
    - 分布の拡大 ………………………………………………… 81
    - 郷土種 ……………………………………………………… 83
- ❹ 保全目標の考え方 …………………………………………… 85
    - 保護区域の形や配置に関する一般的な原則 …………… 85
    - 種に注目した保全目標 …………………………………… 87
    - 保全目標に応じた管理手法 ……………………………… 90
    - 保全と利用の折りあいをつける ………………………… 93

第5章　ビオトープ計画 …………………………………… 99

- ❶ 土地利用と自然環境の保全 ………………………………… 99
    - 断片化されていた土地利用 ……………………………… 99
    - 持続可能な社会の場 ……………………………………… 101
    - 土地の分類の考え方 ……………………………………… 103
- ❷ 都市におけるビオトープの保全 …………………………… 106
    - 都市が抱える環境問題 …………………………………… 106
    - 都市の中の自然環境の役割 ……………………………… 107
    - 都市の自然環境保全のための工夫 ……………………… 109
- ❸ 農山村におけるビオトープの保全 ………………………… 115
    - 農山村が抱える問題 ……………………………………… 115
    - 農山村の自然環境の価値 ………………………………… 117
    - 農山村の自然環境保全の工夫 …………………………… 118
- ❹ 土地の私有とビオトープの保全 …………………………… 121
    - 社会的制約 ………………………………………………… 121
    - 土地の公益性 ……………………………………………… 122
- ❺ ビオトープの評価 …………………………………………… 124
    - 地域の情報 ………………………………………………… 124
    - 生物調査 …………………………………………………… 125
    - 自然環境評価の目安 ……………………………………… 130

おわりに *133*

参考資料　ビオトープ保全に関連する制度 *135*

❶ 日本の環境法体系 *136*
　基本理念を定めた環境基本法 *136*
　環境汚染関連の法令 *136*
　廃棄物等の処理に関連する法令 *137*
　エネルギー利用に関連する法令 *138*
　自然地域の保全に関連する法令 *139*
　野生生物の保全に関する法令 *139*
　環境アセスメント実施に関係する法令 *140*

❷ 土地利用のグランドデザインに関する制度 *141*
　土地の分類 *141*
　国土全体の土地利用に関する制度 *143*

❸ 都市における緑地等の保全 *145*
　都市計画の概要 *145*
　都市における緑地確保の規定 *146*
　都市及び近郊での農地との区分け *150*

❹ 農地の保全 *152*
　農地の保全に関する制度 *152*
　農地転用の防止 *153*

❺ 森林の保全 *155*
　保安林等による森林の保全 *155*
　森林の保全に関係する制度 *157*

❻ 自然保護地域の保全 *159*

❼ 野生生物種保全 *162*

❽ 水辺の自然環境保全 *166*

主な参考文献 *167*

序

　ビオトープってなんだろうか。

　いろいろな水草が生えている池のことだろうか。枯れ木をつみあげてつくった動物のすみかだろうか。

　これらは確かにビオトープの部品のひとつである。

　実は、もともとのビオトープはもっと広い意味をもっている。わかりやすく言えば自然環境のことだ。私たちがふつうに使う"自然"——ひとりでに、とか、飾らずに、という意味の自然ではなく、野生の動物や植物が暮らす場所——という言葉に近い意味をもっている。

　ビオトープという言葉は、生態学という科学の分野で古くから使われてきた用語である。日本でこの言葉が広まった背景に、自然環境復元研究会や㈶日本生態系協会などの活発な活動があったことはよく知られている。ところが、ビオトープという言葉が普及するのと並行して、それがもともとの意味からはずれて理解されているのではないかという疑問が、関係者の間で話題にされるようになってきた。

　意味する範囲が狭くなったり誤解されたりすることは、新しい考え方が広がっていく中ではよく起こることだと思う。けれ

写真-1　このような小さな部品にもたくさんの小動物がすむ

ども、ビオトープはもともと学問の世界で定義付けられた専門用語である。不正確な意味の方がより早く広まってしまうことによって、本来の意味が忘れられてしまうことはやはりさけなければならない。

　この本のねらいのひとつは、一般に理解されている狭い意味のビオトープを広いビオトープの世界の適当な場所に位置づけてみることである。

　このことは、「ビオトープはまちがって理解されているからそれを正そう」ということではない。身近な公園の植え込みや個人の庭の池が、地域全体の中でどんな意味を持つのか、さらには地球環境とどのようにつながっているか、を考えるきっかけになってほしいということである。

　たとえば、こんな例がある。最近増えつつある地域の自然環境を再現した自然観察公園の例である。そこでは、雑木林や谷戸田や草地などが人間の昔からのかかわりを含めて再現されている。それらはすべてビオトープと呼んでさしつかえないものである。ところが、その公園全体ではなく、公園管理事務所の前に造成された小さな池のエリアがビオトープと名づけられていた。こうした事例がビオトープの誤解を拡大していく。

　今ビオトープが注目されているのは、失われつつある自然環境をまもり、絶滅の危険にさらされている野生の生き物をまもるために効果があると考えられているからである。では、なぜ地域の野生生物をまもらなくてはならないのか。これについては、専門家であってもはっきりとしたわかりやすい答えを出すことはむずかしい。なぜむずかしいのか、についてはこの本でも何度かふれるが、わかりやすい答えのないことが専門家ではない人たちの決意をにぶらせ、数字で勝負している工学技術者たちの不信をまねいているのかもしれない。その結果、まちがった自然保護が進められてしまったり、逆に、少しくらい絶

滅しても何の影響もないだろうといった感覚が生まれる。本当のところどうなのだろうか、地域における種の絶滅は人間にとってたいした影響はないのだろうか。

　この本にはもうひとつのねらいがある。それは、地球環境の保全や持続可能な社会の構築といった目標の中で、ビオトープがはたす役割を考えてみることである。

　一般に、自然環境の問題は資源問題、廃棄物問題、食糧問題などとあまり関係がないと思われている。けれども実際には同じ地球の中の問題である。人間にとって必要なものは自然から取り出し、不用なものは自然に返すことで人間社会は維持されている。このところの金融問題や財政問題によって、私たちは社会がお金で動いているかのような錯覚におちいっているが ─ 錯覚ではなく事実そうなのだが ─ お金のない社会は成立しても自然のない社会はありえない。

　自然環境が悪化しても人間ではなく他の野生生物が絶滅していくだけであって、人間社会の発展のためならそれもしょうがないのではないか、と考える人もいる。しかし、実際には人間社会は自然の基盤の上に成り立っているものである。こうした広い視野から自然環境の役割を理解してもらうために、この本では自然環境の保全そのものの話題の前に資源や廃棄物に関する話題を紹介した。ビオトープをまもることが、実は地球環境問題の解決に大きな意味をもつ。

第1章 工業社会の限界

❶ 4つの環境制約

《 地球環境問題の根本は物理的問題である 》

　自然現象のすべては物理の法則に支配されている。このことは、そこが先進工業国であっても発展途上国であっても、都市であっても農村であっても同じである。ところが、ともすれば、私たちはその事実を忘れてしまうことがある。そして社会的な状況が自然現象まで支配しているかのような錯覚におちいってしまう。地球環境問題を話し合う場面でも、ときどき、それが自然現象によって起こっているものであることを忘れたかのような意見が出されることがある。

　確かに、地球環境問題を解決し持続可能な社会をつくっていくのに、自然科学の知識はそれほど直接的な影響力はもたないだろう。それをするのは経済学や法学など社会科学の役割である。なぜなら持続可能な社会を実現するには、人々が納得できる新しいきまりやしくみを作っていかなければならないからである。けれども、自然科学の知識は、これらのきまりやしくみを作っていくための一番下の基礎になるものである。

　話は、まずここから始めることとする。

物質とエネルギーの循環

　地球環境は循環する物質によってある一定の状態を保っている。その状態が保たれているから人間はきれいな空気を吸い、澄んだ水を飲んで生きていくことができる。循環しているのは物質である。物質を循環させているのは太陽の光や熱、地熱などのエネルギー、それと地球の引力である。これらの力を受けて地球上のあらゆる物質は動いている。循環がとどこおるところでは物質は過剰にたまったり、劣化していろいろな不都合がおこる。環境問題として騒がれている問題の多くが、循環のとどこおりによっておこった現象である。

　物質もエネルギーも循環するときには物理の法則にしたがう。これに例外はない。したがって物質やエネルギーの循環を考えるときには、次にあげる原則を踏まえなくてはならない。

① **物質やエネルギーは無から生じず、無になることもない**

　エネルギー保存の法則、または物質保存の法則と呼ばれている最も根本的な物理法則である。このことがわかっていれ

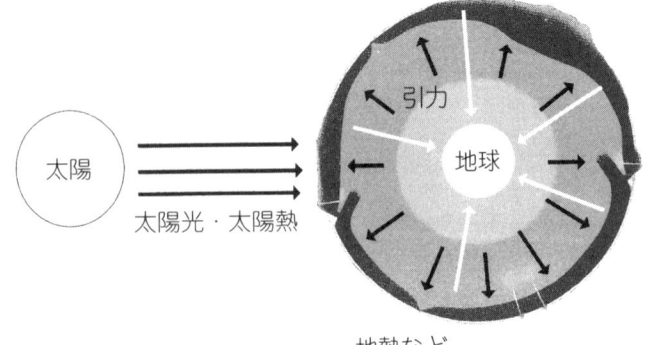

図-1　地球環境にはたらくエネルギー

ば、ゴミや廃棄物を出さずに動く工場や、与える餌より大きく育つブタが、どれほどおろかな発想なのかすぐにわかるだろう。こんな例をあげると、いくらなんでもそこまでひどい空想をする者はいない、と反論されるかもしれないが、環境ブームの頃の環境問題関連本の中には、似たり寄ったりの空想的な技術をまじめに取り上げた本が何冊もあった。

　この原則をふまえてものを見ると、ゴミは燃やせばなくなるという考え方もまちがいであることがわかる。かつてゴミの量も種類も少なかった時代には、なくなってしまうと考えて燃やしてしまっても大きな問題は起こらなかったのかもしれない。しかし、現在、ゴミを燃やすと出てくる二酸化炭素は地球温暖化の原因であると言われており、その上、ダイオキシンを始めとするさまざまな有害なガスも問題となっている。さらに、ゴミを燃やした後に残る灰の処分も簡単ではない。ゴミは燃やしても姿を変えるだけでなくなることはない。

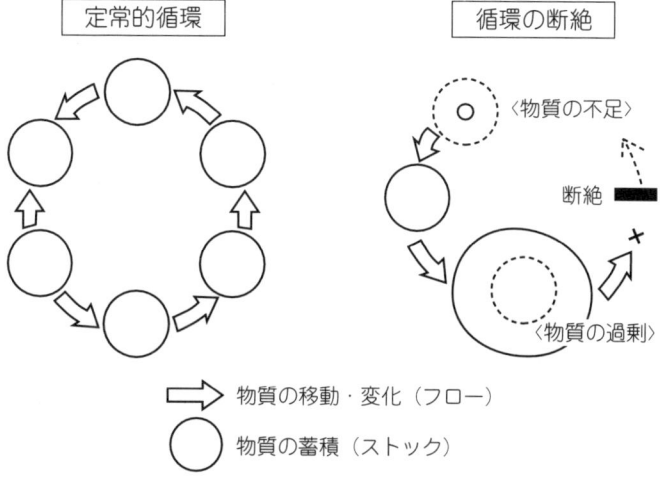

図-2　物質循環の概念（小杉山・平井：1996）
（断絶すると物質の過剰と不足が同時に起こる。）

変えた姿が無害なものか有害なものか、最後までそのゆくえに注目していなければならない。

② 物質は繰り返し利用すると摩滅し拡散する

　エントロピー増大の法則も同様に基本的な原則である。エントロピー増大の法則というとなにやらむずかしいように思えるが、簡単に言うと、すべての物質は時間がたつと例外なく劣化あるいは拡散してしまうということである。こうした現象は、私たちが日常的に目にしている自然の本質的な姿である。

　現在、不足しつつある資源をできるだけ長く使うために、リサイクルに取り組む自治体が増えている。リサイクルそのものは有益であるが、ともするとリサイクルによって資源問題と廃棄物問題が解決できるかのような錯覚におちいる場合がある。現実には、どのような物でも製造、流通、消費、廃棄と運ばれている間に、欠けたり、削られたり、混じりあったりして、ちりぢりばらばらになってしまうため、100％の回収、再利用は不可能となる。また製品の状態によっては、リサイクルすることで生じる新たな廃棄物が別の汚染を引き起こすことも考えられる。摩滅し、拡散し、劣化していくのが自然の本質であれば、それを逆行させることはできない。

③ 地球環境は閉鎖系で物質の出入りはない

　地球環境は物質的に閉ざされた環境であるため、新たな物質が地球の外から入ってくることもないし、地球で生じた物質が自然に地球の外へ出ていくこともない。この条件があるため、地球の生き物たちは30億年以上にわたり同じ物質を何度も繰り返し使ってきたのである。

　SF映画では、地球の外から資源を運搬する宇宙船がしばし

> エントロピー増大の法則でいうエントロピーとは、物質やエネルギーの拡散の程度を示す量的な尺度である。拡散している（薄まっている）ほどエントロピーの値は大きくなる。
> ☞ p.35

> 太陽系の他の岩石系の惑星に鉱脈がないのは、地球で鉄やアルミが生成された時のような、濃縮現象が起こらなかったからである。☞ p.12

> スペースシャトルでは30トンの荷物を軌道上に打ち上げるために、液体酸素604トン、液体水素102トン、固体燃料1,008トンを消費する。また、全重量2,000トンのうち繰り返し使われるオービターは85トンで、燃料タンクのほとんどは使い捨てられる。

ば登場するが、現実には不可能である。なぜなら、地球以外の近くの天体には地球の資源に相当する鉱脈が存在しないからである。逆に、地球で生じた不要物を地球外に捨てることは可能かもしれない。それは、ちょうど人工衛星を軌道上に置き去りにするのと同じことである。しかし、ほんのわずかなゴミを運ぶためにも、ロケットを何度も飛ばし膨大なロケット燃料を消費しなくてはならない。廃棄物の処分には何の効果もない。

地球環境問題の原因も結果も物質とエネルギーが関わる問題である。そこに社会的な要素が複雑にからみついて問題の中心が見えにくくはなっているが、物質とエネルギーによって起きている問題であることに違いはない。物質とエネルギーの問題であるならば、以上のように物理現象としての基本原則は踏まえなければならない。

限界

産業革命以来、人間はいろいろな制約を乗り越えて文明を発達させてきたように思われている。そのため、人間の進む先に突破できない制約などないかのような錯覚を私たちは抱いてしまった。科学技術があらゆる問題を解決し、将来は極めて便利で快適な時代が来るかのような、そんな夢を私たちは見せられていた。こうした夢見ごこちな感覚は、環境破壊や汚染がこれほどまで深刻になった今でも続いている。

SF小説の中の世界とは違い、現実の科学技術にはできないことがある。できないこととは、物理的あるいは化学的な制約を超えるような技術である。そうした技術の中には、かつて永久機関や錬金術と呼ばれたものがふくまれている。永久機関や錬

金術が構想された時代には、人間は物理的化学的な制約に関する正確な知識を持たなかったのである。そうした制約の中で、特に人間が環境を利用するときにぶつかる壁を、ここでは環境制約と呼ぶ。環境制約はその性格によって4通りに分けることができる(表-1)。

表-1　4つの環境制約

速度制約	時間制約とも呼ばれる、時間のかかることによる制約
面積制約	土地制約とも呼ばれる、土地面積による制約
資源制約	資源の枯渇による制約
汚染制約	環境汚染がフィードバックしておこる制約

速度制約

　一連の流れ作業の中に、どうしても時間がかかる過程があったとすると、その部分のペースに作業全体が支配されてしまう。こういった過程を化学の用語では律速段階 ― 速度を律する段階 ― と呼んでいる。進行のゆるやかな律速段階の反応に全体が影響され、他に早い反応があっても全体として律速段階の速度でしか反応は進まない。このような、ある過程の進行速度に左右される制約を速度制約と呼ぶことができる。

　植物や動物の増殖や成長は、必要な栄養分や飲み水がどのくらい得られるのかといった環境条件によって影響を受け、適正な生態系の秩序を乱さない程度のスピードに落ち着いている。人間が生き物を資源として利用する場合、その成長速度が利用の限界となる。簡単に言えば、育つまで待たなければならないということである。したがって、野菜も穀物も肉も木材もその成長速度を越えて消費することはできない。地下水もこれと同様である。降った雨が地面に浸透して補われる速度を越えた汲

み上げは、水位の低下や水涸れの原因になる。

　人間の能力も速度制約のひとつに考えられる。人は食物を食べなくてはならない。休まなくてはならない。寿命があり、働ける期間が限られている。新しく生まれた人が労働力として有効になるのに時間がかかる。したがって、人が行う生産活動は人によって制限を受ける。

　年に1万種類とも言われる新しい化学物質の環境への放出や土木工事などによる地形の改変は、自然界で起きていることと同じだと主張する人がいる。確かに、変わらないようにみえる自然環境も時間とともに違った状態に変化(遷移)していくし、ときには大きな変化洪水や火山の噴火などのカタストロフィー)によって完全に変わってしまう場合もある。しかし、その変化の速度や頻度は人間がやっている変化とは比べものにならないほどゆっくりしたものである。現在の人間による環境変化の速度は、生き物の適応力がついていくことのできないほど大きい。

> 生物の絶滅速度が大きすぎると、あたらしい生き物が進化するための祖先が一掃されてしまう。☞ p.58

面積制約

　陸地の表面積は限られている。それを、住む場所や生産する場所などの目的に適正に割りふって人間社会は成り立っている。面積が限られているため、特定の目的に多くの土地を割りあてると別の利用を制限してしまうことになる。こうした土地などの面積の限度によって受ける制約を、面積制約と呼ぶことができる。

　お金で売り買いすることはできるけれど、土地は他の商品とは性質が違う。土地は持ち運ぶことができないし育てて増やすこともできない。そのため、ひとつの土地の利用にいくつかの利用要求がぶつかってしまうことが多くなる。人口が増加すると居住地の増加が要求され、同時に食べ物、つまり農業用地の

増加が要求される。経済力が高まって工業用地が要求されると自然環境や農業用地が圧迫される。

歴史をさかのぼってみると、ヨーロッパ諸国では植民地を増やすことで、国内の土地利用の限界を解消して財産を築いてきた。しかし、地球全体の土地利用が進んだ現在では転嫁する先はない。火星への移住が構想されることもあるが、数家族が移住できるだけでは面積制約の解消にはつながらない。

太陽光発電は環境にさほど悪影響のないエネルギーとして期待されているが、上下に重ねることができないため広い面積が必要になる。つまり、火力や原子力発電に比べて面積制約を強く受けるということである。現在、他の用途とぶつからない住宅の屋根に置かれることが多いが、大規模に行なおうとすれば他の土地利用との競合を考えなくてはならない。

> 電力の代替技術として燃料電池も注目を集めている。場所をとる太陽光発電と違って分散して個別の機械に組み込める利点を持つ。 ☞p.19

木材に代わる紙の原料としてケナフが注目されている。教育目的で栽培されているうちは問題ないが、産業として成立し、ケナフのプランテーション（畑）が作られることになれば、土地利用が変化し、間接的に森林面積を圧迫することにつながるおそれがでてくるかもしれない。なにをするのにも面積が必要なのである。

資源制約

鉄やアルミニウムなどの鉱物資源、石油や石炭のような化石燃料は枯渇性資源と呼ばれている。それは、これらの資源の多くが過去の限られた期間内に、特定の条件の下で作られたものであることを意味している。現在でも自然状態で資源化されている鉱物はわずかにあるが、ほとんどの鉱物は人工的に作り出すことができないため利用可能な量は限られている。このような資源がなくなっていくことによって、それを利用していた技

> 海底の熱水噴出部では今でもいくつかの金属元素が濃縮され鉱床が作られている。

写真-2　太陽光の利用が各地で進められている

術や製品が受ける制約は資源制約と呼ばれている。

　現在、最も多く利用されている鉱物である鉄とアルミニウムを例にあげよう。

　資源としての鉄のほとんどは、25億年前に誕生した光合成細菌（シアノバクテリア）によって作られたものであると考えられている。水中に大量にとけていた鉄イオンが細菌の作り出した酸素と反応して酸化鉄（赤さび）に変わり、それが海の底に沈殿したものである。酸素は海水中の鉄を酸化しつくすと大気中に放出され、現在の大気や上空のオゾン層を形成したと考えられている。また、多くの生き物にとって酸素は初めて出会う有害な気体であったため、この期間に多くの種が絶滅したとも言われている。こうした酸化鉄の沈殿は20億年ほど前にほとんど終了し、それ以降大規模な鉄資源の形成は起こっていないと考えられている。

　アルミニウムを多く含む鉱石であるボーキサイトは、長い年月にわたる風化によって作られたものであると考えられている。

アルミニウムは水に溶けにくい金属であるため、岩石が雨で洗われて溶けやすいナトリウムやカリウムが次々と溶け出しても最後まで残る。いわばアルミニウムは岩石の絞り滓である。いち早く流れ出した元素はいまの海の塩辛さの原因となっている。ボーキサイトが産出する地域は過去のある期間、激しい風雨を受けていたと推測できる。

鉄もアルミニウムも地球上の金属元素の中では最も豊富に存在する元素であり、世界のあらゆる地域の岩や土に普通に含まれている。しかし、それらがすべて資源として利用できるわけではない。普通の岩や土からこれらの金属を取り出すためには、かなりのエネルギーを消費し大量の鉱滓(のこりかす)を出してしまう。金属が濃縮されていない岩や土を資源として考えることは、エネルギー・廃棄物問題解消の面からは現実的ではない。ましてや、もともと量の少ない金属の場合、岩石や海水から濃縮して実用化することは不可能に近い。

地球に存在する鉱物は、そのほとんどがすでに資源として利用されている。一部の経済学者が言うように、新しい別の資源に連続的に替えていくことはできず、今あるものでやっていくしかない。現在十分に残っている資源も含め、当面は節約と回収を徹底しなくてはならないだろう。

鉱物元素が自然の作用で濃縮されることを鉱物学では濃集と言い、鉱物が濃集した岩石層を鉱床と言う。主な資源の利用可能な年数は次の通りである。

銅	33
鉛	21
ニッケル	55
アルミ	216
金	19
石油	46
石炭	148
天然ガス	58
ウラン	44

汚染制約

ものを作るときにはかならず廃棄物(汚物)が出てしまうが、その廃棄物がものを作り出している場所やその周辺に広がり、ものの生産が妨害されるような影響を汚染制約と呼ぶ。汚染制約が、その廃棄物を出している製造工程に直接影響するものならば、より廃棄物の少ない工程を工夫するように促すけれども、実際にはそうはなっていない。広く環境中に拡散することに

よって社会の別のところが被害を受け、社会全体の活動が広く薄く制約を受ける結果をまねいている。

　汚染という用語は厳密には有害物質をさす。水の汚れの場合、有害物質が混じった汚染と、無害な物質が過剰に混じっている汚濁を使い分ける場合がある。ここでいう無害な汚れとは、有機物や栄養塩（窒素やリンの化合物）など生き物の栄養になる物質である。こうした汚れは、速度制約の範囲内であれば自然の循環の中で解消されるが、速度制約をこえて環境に放出されると自然のはたらきを妨害する原因になる。

　有害物質は自然の循環の中では解消できない場合が多い。重金属や生き物が分解できない化合物の場合、食物連鎖が進むにつれ生き物の体内に濃縮され、有害性が高くなることが知られている。その結果、生き物の繁殖能力が低下したり感染症が多発した例も報告されているし、人間に対する有害性も明らかにされている。

　化学薬品を多用する農業が続けられると農地は汚染され、やがて農作物の生産に影響してくる。また、石油を燃やすときに発生する二酸化炭素などの気体が環境を悪化させていることが問題となっているが、この問題を避けるため、石油は使い切る前に利用を止めなければならないとも言われている。これらも汚染制約である。

　汚染の影響は元に戻せない場合もある。したがって、汚染物質の環境への放出には慎重でなければならず、やむをえず使う場合には自然環境から隔離して保管する配慮が必要である。

根拠のない科学技術待望論

　ここであげた4通りの環境制約は、人間のすべての活動に何らかのかかわりのあるものである。したがって、持続可能な社

会とはこれら環境制約の範囲内で社会活動を行なうということである。

こうした制約を人間の"努力"や"英知"によって越えようとするとどうなるのだろうか。それは過去の文明のたどってきた道をなぞればわかるだろう。制約を越えて生産量を高めようとした結果、鉱物などの枯渇性資源だけではなく森林や土壌などの更新性資源をも減少させ、生態系の機能を壊してきたのではないか。国内の面積制約からのがれるために植民地を拡大し、生態系の破壊や汚染を他の国に転嫁するような結果を招いてしまったのではないか。これ以上制約を越えようとすれば、環境制約が許す範囲を狭めてしまい、次の世代は今よりも窮屈な条件の中で暮らしていかなければならなくなる。

このような環境制約についての考えを"限界論"と呼ぶことがある。これまでも多くの科学者、哲学者によって文明の発展に限界があるという限界論が唱えられてきた。ところが、これらの限界論は、そのたびに問題の本質を理解できない人々 ― "無限論"者とでも呼べばよいのだろうか ― によって見当違いの批判を受け、脇に追いやられてきた。それは、限界論で描かれる社会の姿が人々に受け入れられにくいからなのかもしれない。

窮屈な社会が来るのをできるだけ先送りにしたいという願望はいつの時代にもあった。しかし、自然界の法則を変えることはできないが、人間の作った社会のきまりは変えることができる。それがいくら困難であっても不可能なことに逃避してはならない。

子供たちに環境問題の解決について考えさせると実に面白い空想が出てくる。科学的知識が限られているためしかたのないことであろうが、自由な発想は未来に対する希望の現れでもある。しかし、実は大人の発想も同じようなものである。

実現不可能な技術が一般向けの環境雑誌をにぎわし、市民の

中には、いつか誰かが、どこかで何かを発明し、地道な環境対策などしなくてもよくなるに違いない、と思い込んでいる人もいる。いや、専門家でない人たちばかりではなく、環境問題に携わっている人の中にも、自分の分野以外のことに対して無責任な発言 ―「その問題は誰かが何とかしてくれる、重要なのはこっちの問題だ」― をする人がいる。根拠の無い科学技術待望論は環境対策には無用であり、地道な努力を阻害する要因となるので、気を付けなくてはならない。

続けて、もう少し具体的に限界を考えてみよう。

❷ 技術による対応の限界

《 温室効果ガス抑制の限界 》

　地球温暖化の問題は、地球環境問題の中でも最もスケールの大きな問題であると考えられている。

　地球温暖化とは、地球の気温を保っている温室効果が、人間社会が出すガスによって増幅され、地球全体で生態系の劣化、旱魃（かんばつ）、海面の上昇などが起こると予想されている問題である。温室効果を増幅させる原因と考えられているガスには何種類かあるが、最大の原因は二酸化炭素であり、二酸化炭素は主に化石燃料の燃焼から出ていると考えられている。

　予想される影響に対して、防波堤を高くするなどの消極的な対策も検討されているが、元から絶つには、大気に放出されている余分の二酸化炭素を集める技術が必要となる。二酸化炭素を化学的に集める方法としては、高分子膜などの吸収材を利用する方法が発案されたが、その多くが技術的な壁にぶつかっており、実用的な方法はみつかっていない。

　二酸化炭素は世界中で毎年180億トンから200億トン新たに大気に追加されているが、その半分である約100億トンを取り除くとしても、それに見合う量の吸収材を生産しなくてはならない。その量は、現在世界中で生産されているどの素材よりも多い。ということは、これまでにない莫大な資源、エネルギー、土地、流通システム、労働力を必要とする巨大な新産業が誕生するということである。二酸化炭素の排出を続けるということは、このような大きな矛盾を産み出すものなのである。仮に、環境負荷の少ないやり方で吸収材が生産できたとしても、さらに次の問題が生じる。二酸化炭素の塊やそれを含んだ吸収材をどこに貯蔵するのか、あるいは廃棄するのか、という問題であ

> 生産量の多い材料は鉄鋼で、世界で約7億トン生産されている。

る。海の底に捨てることが提案されているが、その安全性も確かめられてはいない。

地球温暖化対策について話し合う「気候変動枠組条約締結国会議」の成果によると、当然ながら世界の流れは二酸化炭素の排出量を減らす方向である。各国とも経済を維持したまま、それを実現するためにさまざまな抜け道を探しているが、石油の消費を大幅に減らすことは避けられないようだ。

エネルギー代替の限界

石油の消費を減らしながら、これまでと同じくらいの生産を続けるには、石油に代わるエネルギー源がなければならない。そこで、さまざまな新エネルギーの利用が急ピッチで研究されている。

新エネルギーとして期待されているものに太陽光と核エネルギーがある。石油に代わるものとして注目されているこれらのエネルギー源は、発電している間は二酸化炭素を出さないという点が評価され、地球温暖化の防止に役立つと考えられている。しかし、太陽光発電にしても原子力発電にしても、火力発電の代わりになるに過ぎない。火力発電はＣ重油を利用して発電しているのだから、これらが代わりを務めることのできるのは石油全体ではなくＣ重油だけである。

石油には多数の製品（石油連産品）が含まれるが、用途に注目すると、石油製品全体のうち発電に利用されているのは約10％である。したがって残りの90％の石油の用途についても同じように他の資源に代えなければ、余ったＣ重油は運輸や製造にまわされ、削減の効果は薄まってしまう。つまり、資源節約や廃棄物（二酸化炭素）抑制の目的で石油の利用を減らすためには、電力だけを他の技術に置き換えるのではなく、産業の多くの部

門にまたがっている石油製品の利用を、多様な資源で同時に代えていかなくてはならないということである。発電しかできないエネルギー源は、その意味から石油代替とは呼べない。

　資源エネルギー庁によると、石油を他の資源に代えた後もエネルギー消費全体は増加すると予測されている。しかし、太陽光発電にはそれを受けるための面積制約があり、原子力発電には長い間にわたって続く強い汚染制約がある。どちらも、今のような浪費にたえられる代替エネルギーではない。

　植物などを利用したバイオ燃料は、環境に対する影響の少ない持続可能な燃料であると考えられているが、その年の収穫量によって制約を受けるし、また、大量に栽培するとなると食用作物と畑の取り合いになる。これら以外にもいくつかの新エネルギー構想があるが、石油ほど使いやすいエネルギーにはなり得ない。

　伝統的経済学者は、これまでの燃料資源の歴史を例にあげて、今後も連続的に資源の代替が進むと考えている。つまり、これまで薪、木炭、石炭、石油と燃料は進歩してきたのだから、今後も核分裂、太陽光、核融合と継続して代替できるという考え方である。しかし、石油以降のエネルギーは、石油がなければ使えない石油依存エネルギーであり、量、質ともに石油を超える能力をもたない。石油をはじめとする化石燃料は、特別にすぐれた条件を備えた資源であり、これに代わるエネルギー源は存在しないと考えるべきである。

> 燃料作物の収穫には速度制約がかせられる。☞ p.10

> 畑の取り合いは面積制約である。☞ p.11

近代化にともなって、むしろエネルギー効率は低下している。

日本の水稲生産のエネルギー収支 （1,000kcal/ha）

	1950	1960	1970
投　　入	9,150	19,430	37,080
産　　出	11,600	15,900	17,300
産出／投入	1.27	0.82	0.47

宇田川武俊：環境情報科学(5)(1976)より、一部抜粋

新しい燃料を考え出すよりも、先にしなくてはならないことがある。それはエネルギー消費量を減らすことや、利用されずに捨てられているエネルギーを有効に利用することである。工業の発展にともなってエネルギーの利用効率が急激に低下してきたことは、一部の製造業などを除き、農林漁業をはじめとする多くの分野で指摘されているが、新たなエネルギー源を開発するより、今までのエネルギーの利用方法をもう一度考え直す方が意義あることではないだろうか。

食糧増産の限界

　食べ物の不足は地球環境の悪化が深刻になった場合、病気の多発とならんで最も早くあらわれる具体的な被害のひとつであると考えられている。これに対して、遺伝子操作をはじめとした高度な農業技術による食糧増産が研究されている。しかし、農業技術もまたここに来て多くの難問を抱えていることが分かってきた。

　食糧の増産は、日本の近代農業がめざしてきた付加価値の高い商品作物を作ることとは意味が違う。60億の人間の生命を支えている露地栽培の普通の穀物類、芋類、野菜の栽培に通用する手法でなくてはならない。

　増産のために古くから広く行われてきたのは肥料を与えることである。しかし、この肥料が近年効かなくなってきたことが報告されている。与えられる肥料の量と収穫量はもともと比例の関係にはない。S字状のカーブを描くように肥料が効かなくなることは古くから知られていた。現在、世界の多くの農地で肥料は収穫量増加につながらなくなってきており、悪いことにその過剰な肥料が土壌の劣化を早めている。

　収穫量の多い品種を作り出すための品種改良も続けられてい

るが、新しい品種で大きな改善の見られたものは近年ではほとんどない。アジアの多くの国で、農業試験場の米の収穫がここ20年増加していないことも報告されている。一方で、味が良い品種など、商品としてよく売れる品種ばかりが育てられるようになり、遺伝子の多様性が失われる危険性が現実のものとなっている。改良され過ぎた品種は病虫害に弱いものが多いため、そればかりが栽培されると、いっせいに絶滅してしまう危険性が高まる。また、伝来の品種や原種がなくなってしまうと、それらがもっていた有用な遺伝子は二度と得られなくなる。特定の目的に集中した品種の開発は、数千年続いた多様な食用作物種の絶滅をもたらすことにもなりかねない。

> 農作物の様々な品種の遺伝子は将来の食料を保障する重要な意味を持つため、国際植物遺伝資源理事会では変異の収集と保存管理を世界規模で進めている。☞ p.39

バイオテクノロジーの進歩によって遺伝子を組み替えた品種改良も可能となった。日持ちの良い商品や低農薬で育つ商品を作ることには成功しているようだが、食糧増産にはつながっていない。遺伝子組み替え技術によって、害虫に対する毒性などの新しい性質を導入することはできるが、食べられる部分を大きくするには、植物の生き物としての生理的な限界が壁となっている。また、組み替えを行った新生物の人体や生態系への影響についても、その危険性は解消されていない。

面積あたりの収穫量をこれ以上増やすことができないのであれば、田畑の面積を広げることによって収穫量を増やすしかない。しかし、現実はそれとは逆に進んでいる。世界の農地は、工業化の進展など土地利用の状況変化によって年々減少している。高度経済成長期の日本がそうであったように、アジアの多くの国でも工業化によって農地が急速に減少している。農地を奪うのは工場だけではない。世界的な自動車保有台数の増加は、田畑が道路や駐車場に置き換えられることを意味している。新たな農地の開拓も進められているが、適地はすでに開発しつくされ、新しい農地の多くは条件が悪く作物が育ちにくい土地で

> 農地開発には面積制約がかせられる。☞ p.11

あるという。土壌浸食によって、世界中で毎年数十億トンの表土が流されていることも良く知られているが、こうした農地の減少傾向はこのままでは簡単には止まらない。

露地以外での食糧生産はどうだろうか。カイワレダイコンの生産などを見ていると、他の作物も工場生産できそうな錯覚におちいるが、工場生産可能な作物は限られる。そもそも電気によって太陽光や給水を人工的に行うエネルギー多消費の方式は、いくら無農薬であっても環境保全的でないことは言うまでもない。

農業用水の供給に問題がおきているところもある。普通、地下水は持続的に補給されるが、自然の補給速度を超えてくみ上げると地下水位は低下していく。アメリカ南西部の農場のかんがい用水は、雨による補給がなされない化石帯水層の水が利用されている。これは枯渇性の資源であるから、農地の持続的な利用はそもそも不可能である。

近代農業そのものが環境を破壊してきたことも指摘されている。農薬・化学肥料による汚染、モノカルチャーの継続による地力の低下、大規模な畜産による土壌・地下水の汚染、かんがいによる地下水の枯渇など、近代になって発展してきた農業の方法の多くは、持続可能な方法ではないと言われる。

工業が、資源の枯渇や設備の劣化などによって長くても数百年で寿命がくるのと比べ、農林水産業は本来持続的であり、やり方が適切であれば数万年の間生産し続けることが可能である。時間当たりの生産量は劣るが、累積生産量は工業をはるかに上回る。農業を持続させるには、工業を模倣するのではなく、自然のサイクルにさからわない方法を模索するしかないのではないだろうか。

地下水の利用には速度制約がかせられる。☞ p.10

農薬の使い過ぎによる農地の荒廃は汚染制約のひとつである。☞ p.14

モノカルチャーとは、ひとつの作物を同じ場所で作り続けることを言い、輸出向けの商品作物はたいていモノカルチャーで作られている。

廃棄物処理の限界

> リサイクルの限界はエントロピーの増大による。同じ製品に再資源化できる材料もあるが、紙や鉄などは等級の低い製品にしか利用できない。☞ p.8

廃棄物問題も特に地域においては大きな問題となっている。特に、大都市ではすでに埋立処分の場所がいっぱいになってしまっている。その解決の手だてとしてリサイクルが有効であるといわれる。しかし、リサイクルには根本的な限界がある。それを理解した上でなければ、リサイクルの効果を活かすことはできない。

あらゆる物質は時間がたつと劣化する。製品であれば製品としての機能を失う。実際には製品としての機能を残したままで廃棄されるものが多いため、機能を失う限界まで使用する再使用は必要なことである。製品としての機能を失っても、製品を構成している部品が本来の機能を残している場合がある。その場合も分解した上で再利用すべきである。

> 部品や素材の再利用との区別を付けるため再使用という言葉を使ったが、これは普通リユースとも言われている。

製品や部品としての機能を失った場合でも、原料の素材にまで戻して再利用することができる。しかし、複雑に組み合わされた部品を取り外し、素材の状態に戻して使うために、多くの場合は再生業者が手作業で解体しなければならないのが現状である。ロボットや流れ作業で能率的に組み立てる製品化のプロセス(動脈産業)と違い、解体のプロセス(静脈産業)は能率が悪い。停滞させずに循環させるためには、製品化を上回るほど能率の良い工程を実現させなければならないのだが、静脈側の産業は手工業に近いため、循環の速度を制限し回収された再生資源が余ってしまうことになる。

静脈産業でも、普通新たな資源を消費して新たな廃棄物を生じさせたり、追加的なエネルギー消費が必要となる。この時の資源・エネルギーの消費や廃棄物の排出が多すぎると、リサイクルはむしろ環境保全に逆行するものとなる。

素材そのものの改良がリサイクルの効果を落としている場合

も多い。たとえば、金属製品の価値を高めるために作られる各種の合金は、精錬した純度の高いいくつかの金属を目的に応じた比率で混合することで得られる。こうした合金製品を再び純度の高い原料に戻すことは非常に困難で、場合によっては不可能である。こうした素材の改良は金属資源のリサイクルを妨害する。

　本質的にリサイクルとは、閉じた一本の輪の中を循環させるものではなく、新たな資源の消費や、新たな廃棄物の生産を伴いながら、次第に劣化が進んでいくカスケード（連滝）として表現される（図-3）。そして最終的には、どんな資源にもならない廃棄物を生む。リサイクルは、資源消費の速度を落とし、同時に廃棄物発生の速度を落とすためには有効だが、無限の再利用が不可能であることを忘れてはならない。

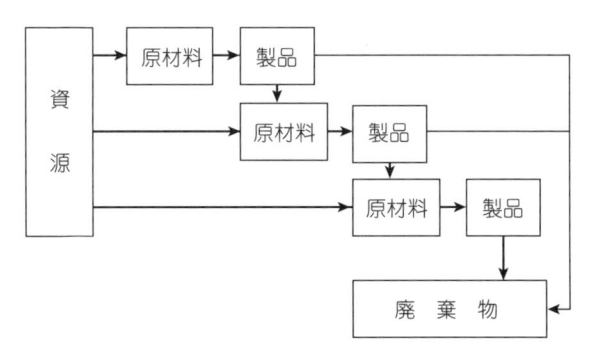

図-3　実際のリサイクル
（藤田祐幸、循環とリサイクル「エントロピー学会沖縄大会資料」（1995）より改図）

　産業界では、廃棄物の削減を目指したゼロエミッション計画が提案されている。ある業種の排出した廃棄物を別の業種が原料として利用し、複数の業種を通して資源がもっている価値を使い尽くすアイディアである。利用価値の十分残っている廃棄物の活用が進むことで、新しい資源の消費量を減らすことが期

待できる。

　しかし、利用価値の低い廃棄物を別の産業の原料として無理に利用する場合、廃棄物の拡散に注意しなくてはならない。というのは、利用する必要のない廃棄物を有効利用という名目で製品に混ぜて販売すると、廃棄物が広く薄く拡散し適切な処理ができなくなるおそれがあるからである。たとえば、何かのかすをコンクリートに混ぜて建築材料にするのは有効利用ではなく、単なる廃棄である。

　その廃棄物を資源として使うことで、いままで使っていた新資源を使わずに済む、といった効果がなければ、廃棄物の無理な再利用は廃棄物を移動させるだけのものになる。廃棄物の処理は、原則的に排出した企業が自身の責任で行うべきである。

　ゼロエミッションとは副産物や派生物の完全利用をめざした計画だが、主産物である製品もまたいずれ廃棄物になる。しかも副産物よりも多くの問題を抱えている。

　現在、日本中の家庭内にはたくさんの利用されていない製品が眠っているといわれている。また、企業の倉庫には流行をすぎた旧製品の返品が、新品のままで処分場行きを待っている。そして、そのほとんどはやがては自然に戻ることなく埋め立てられる。それでも、さらに多くの製品を買わせようとしている。このような現状を改めない限り、どのような廃棄物対策も追いつかない。

> 利用されずに押入で眠っている製品は家庭内在庫とよばれており、日本の家庭の在庫量は世界的にもトップクラスであると言われている。

❸ 技術は自然環境を必要とする

（ 温室効果ガスの吸収 ）

　地球温暖化のような規模の大きな問題をこれまでの工業技術の道具立てだけで解決しようとすると、それは途方もなくおおがかりなものになってしまう。それは、まるでひとつの問題を別の問題に置き換えるだけのようにも見える。しかし、二酸化炭素はもともと自然の中を循環している物質である。自然の循環の中で解消させるのであれば、そのための通路はすでに用意されている。それは、地球全体の生き物にそれを委ねるという考え方である。

　生き物のはたらきを応用した二酸化炭素の固定方法は、まだまだ課題は残されているが、次の２点で工業的な手法よりも環境に対する影響が小さい。

　ひとつは、石油や電気のようなエネルギーを消費せずに、二酸化炭素の吸収固定を行わせることができるという点である。もうひとつは、固定によって生産される物質は生き物の体をつくる成分であるため、廃棄物として特別な処理を必要としないという点である。

　課題となっているのは、吸収固定に利用する生き物のための大規模な生息条件を十分に整えることができるかどうかという点である。

　生き物を利用した二酸化炭素の吸収固定には、次の４通りの方法が考えられる。

① 森林による吸収

　植物の光合成のはたらきを利用して、二酸化炭素を植物体に固定する考え方である。これまでも、樹木や草は二酸化炭

写真-3　若い森林は積極的に二酸化炭素を吸収する

素を吸収してくれるものとして大きな期待がよせられてきた。吸収した後のものは、その後、木材や紙あるいは炭として、建築物や製品の形でさらに長い期間保存しておくことができる。気候変動枠組条約の削減目標達成のために、森林を保全することで排出量が削減されたとみなす考え方が提案されているが、安定した森林は二酸化炭素の吸収と排出とが均衡しているためその効果はない。吸収できるのは成長期にある若い森林だけである。木材は燃料としても利用できるため、化石燃料の代替としての効果も期待でき、大規模な木火力発電や木ガス発電も研究されている。

② バイオミネラリゼーションによる吸収

　生き物のはたらきによって鉱物が作られる現象をバイオミネラリゼーションと呼ぶ。この作用によって炭素を鉱物化することができる。海の中には、水中の炭酸イオンを炭酸カルシウムに変えることのできる生き物が多数生息している。た

写真-4 珊瑚礁は大きな石灰石のかたまりである
「海辺ビオトープ入門：基礎編」信山社サイテック (2000) より

とえば、サンゴの仲間や貝の仲間あるいは放散虫などの微生物である。これらの生き物が作った炭酸カルシウムのかたまりが海底の石灰岩である。短期的には石灰化の反応が起こるときに、水中にとけている炭酸イオンを大気に戻す反応が起こるが、長期的には岩石の中に炭素を固定することで地質学的な保存期間が期待できる。海洋生物のあるものは、水中の栄養濃度によって増殖が制限されているものもいるので、人為的に栄養(鉄分など)を与えることで生き物を増やしたり活発にしたりすることもできるが、一方で石灰藻の大発生による磯の環境悪化など、生態系のバランスにも気を配らなくてはならない。

③ 海中林による吸収

沿岸の藻場を広げることで陸上の森林と同様に、二酸化炭素の吸収固定を促進することができる。藻場を構成しているのはアラメ、カジメ、ホンダワラといった藻類やアマモのような水生植物で、これらの海藻・海草が繁茂している海域は

写真-5 海中林も二酸化炭素を固定してくれる
「海辺ビオトープ入門：基礎編」信山社サイテック(2000)より

海中林とも呼ばれ、多くの野生生物の生息環境として重要視されている。また、藻場の復元事業をやはり陸上の事業になぞらえて海中緑化と呼ぶこともある。大規模な海中緑化で相当量の二酸化炭素、窒素、リンを固定することが可能であるといういくつかの試算がある。また、海中緑化の手法は、養殖漁業などから流れ出る余分な栄養の吸収にも効果があると考えられている。

④ バクテリア(光合成細菌、微細藻類など)による吸収

自然環境そのものの利用に限界がある場合、二酸化炭素吸収工場を作って間に合わせなくてはならないかもしれない。そんな場合、吸収効率を考えると、バクテリアの増殖が最適であると考えられる。光合成を行うバクテリアや単細胞の藻類を増殖させ、それによって二酸化炭素の吸収固定を行う手法である。

培養条件を工夫すれば、自然のあるいは人工的な環境で効率良く光合成を行うことのできる、有能な種を選んで育てることもできる。ただ、広い面積を生育場所として用意しなけ

ればならないため面積制約がかせられるが、生じる有機物（バクテリアの死体）は土に戻すことができるし、場合によっては食料、飼料（餌）あるいは燃料として利用することもできる。

大気と生き物との間での炭素のやりとりは、光合成と呼吸を中心として年間830億トンと推定されている。一方、人間社会からの二酸化炭素の発生は、主な原因である化石燃料とセメントから年間49億トンであると算定されている。これは全体の5.6％である。自然界での炭素の流れ（循環）にはまだ分かっていないことが多いが、増えすぎた二酸化炭素を吸収するために、さらに莫大なエネルギーを消費し、処理できない廃棄物を産み出す工業的な方法より、森林植物や植物プランクトンの生息環境を整備し、その能力を利用する手法の方が、最後まで残るのではないだろうか。

> 炭素量：二酸化炭素量の比は12：44であるから、炭素量830億トンは二酸化炭素で3,043億トン、49億トンは180億トンになる。

汚染された環境の浄化

環境を汚染する物質は、根本的には環境中に広がらないような閉じたシステムの中で利用する以外に方法はない。しかし、実際には多くの環境汚染物質が自然界に流れ出し、直接的間接的に人体を汚染している。

現在、環境汚染の原因物質として問題になっているものは、水銀やカドミウムなどの重金属類、オゾン層破壊能力をもつCFC（フロンガス）、DDTやPCBなどの有機塩素系化合物、意図しないところで発生するトリハロメタン類やダイオキシン類といったものがある。その多くは法律で規制され、環境への放出が抑制されたり製造や販売が禁止されている。

これらの化学物質は自然界で分解しにくいものがほとんどであるため、将来的には発生に関わる物質の使用が全面的に禁止

されるようになるのだろうが、それまでの間に環境を汚染した場合、なんらかの対応がとられなければならない。ここで有効な方法として考えられているのが、微生物の分解能力を利用した環境浄化方法である。

微生物のはたらきによる環境浄化は、以前から下水の処理に利用されてきた。下水の汚れは有機物や栄養塩による汚濁にあたるが、微生物は有機物や栄養塩を餌にして増殖することができるため、汚濁物質は微生物の体に吸収され水はきれいになる。吸収された物質は呼吸によって水と二酸化炭素に分解され、分解されなかったものは微生物の死骸の中に残ったまま沈殿する。

これと同じような作用として、干潟や葦原の水質浄化能力が見直されている。この場合には、汚濁物質の水域外への運び出しに魚類や鳥類の移動、または、水生昆虫の羽化などが関係しており、生態系の物質循環が全体として環境浄化に効果を発揮していると考えられている。

これまでの微生物のはたらきでは分解しにくかった環境汚染物質を分解させる研究も進められている。こうした分野はバイオレメディエーションと呼ばれており、土壌や海域などの広い範囲の環境汚染の現場で微生物の利用が進められている。バイオレメディエーションの場合、浄化効果を上げるため、特殊な分解能力をもつ菌株を探したり、土着の菌のはたらきを活性化するために不足している栄養成分を環境中に散布するといった手法が研究されている。

汚染物質の回収や分解を工業的な方法で進めようとすると、やはりおおがかりな装置が必要となる。微生物をはじめとした生態系のはたらきには速度制約が課せられており、緊急の場合にはたよることができないが、汚染された環境を浄化するのに最も環境に対する負荷の小さな方法である。

> 下水処理場では主に活性汚泥法が行なわれているが、化学物質やエネルギーを多量に消費するため、より自然なしくみが工夫されている。

> 川や湖の自浄作用は最終段階で動物の栄養運搬に頼っている。☞ p.49

有機物系廃棄物の再利用

写真-6 伐採した木や刈り取った草は発酵させて堆肥にできる

　人間社会から出される廃棄物のうち、生き物によって分解されない物質は、できるだけ環境中に放置されないような工夫が必要となるが、生き物によって分解されるものは再び生態系の循環に戻すことができる。そうした物質は、呼吸をはじめとする生き物の代謝作用によって分解され、あるいは、腐植ができる過程で見られるように有機酸などを作る。さらに、生き物の移動によって運搬され、ある成分は拡散して環境に戻される。処理方法をまちがえると汚染源になる場合もあるが、生き物のはたらきを活用すれば、自然を循環する成分のひとつにすることができる。

　このような自然に戻すことのできる廃棄物のほとんどは、もともと生き物が作った材料からできていて、化学的には有機物と呼ばれる。これらの有機物系廃棄物は、資源としての価値もあるため有効利用の工夫が進められている。人間の社会活動から廃棄される有機物には、栽培作物屑、食品加工屑、林産廃棄物、畜産廃棄物、水産廃棄物、繊維屑などがある。

> 有機物とは炭素を含んだ化合物を意味し、工業的にも合成できるが主に生き物の組織あるいは生産物のことを言う。

これらの中で植物繊維でできた廃棄物は、再生紙、ウエス、建材等に再生利用されている。他の廃棄物はそのまま燃やされることも多いが、現在ではダイオキシンなどの有害な気体の発生が問題となっており、焼却方法の改善が進められている。

　微生物の発酵によって廃棄物をメタンやメタノールへ転換し、より害の少ない燃料として利用する手法も一部で実用化されている。その実用化されている手法の中でも、廃棄物の堆肥化は物質循環の視点から最も環境保全効果の高い手法だと考えられる。この堆肥は土として生態系の循環に戻すことができる。環境中へ戻す量が限度を超えると、化学肥料と同じように池や川の富栄養化の原因にもなりうるが、工事で傷んだ場所や、表土の流出した場所の復元に利用することで、環境保全の効果をあげることができる。

　現在、世界中で年間2千億トンの有機物が廃棄され、2兆トンのストックがあると言われている。もし、適正な流通が実現すれば、利用されずに環境悪化の原因にもなっている有機物系廃棄物を農作物の肥料として有効利用することが可能となり、同時に化学肥料による土壌劣化も防止できる。循環量を考えると、日本の場合、海外から大量の食糧を輸入しているため、国内で廃棄される量は、農業が必要とする量を超えていると考えられている。その場合、余った有機物は農地がやせてきている食糧輸出国に戻し、農地保全・農地涵養を助けることを考えても良い。

将来の技術の姿

　エネルギー問題、食糧問題、廃棄物問題という人類の存続に関わる問題が、高度な工業的技術を用いた方法では必ずしもすんなりと解決できないことを示した。大規模な工業技術は常に

大量の資源を消費し大量の、しかも有害な廃棄物を排出する。そのため、問題の解決方法がそのまま新しい問題を生み出すことになってしまう。

　一方、問題の多くは自然環境を利用することで大きく改善される可能性があることも示した。この場合、自然の一部や動植物は人間社会の失敗をつぐなうために利用されるが、後に大きな問題を残すことはなく、問題の解決方法そのものが持続可能な社会の到達点でもある。

　このふたつの考え方は互いに相いれない選択肢ではない。人間の努力と自然の潜在能力をうまく組合わせた技術や、それを支える社会を実現させることは不可能ではない。

　最後に、少し社会のありようを考えてみたい。

　環境工学の分野には、エントロピーミニマムという考え方がある。エントロピーとは物質の拡散の度合いを示す物理学上のものさしであり、環境問題の分野では、おおざっぱに言うと環境の汚れ具合や廃棄物の量によって示される。そう考えると、エントロピーミニマムとは汚染や廃棄物を最小限にするという意味にとることができる。汚染や廃棄物をより少なくすることに異論はないが、エントロピーの最小化は必ずしもめざすべき目標ではないと思う。なぜなら、エントロピーは生き物が生きている限り常に増大しているものであるし、活動が活発であるほど大きくなるものだからである。とすると、めざすべき目標は、エントロピーの増大を許しつつ、増大したエントロピーが処理されるしくみがしっかりと組み込まれた社会である。それは水循環、生物循環、光合成から始まる食物連鎖といった自然の循環の中に、人間社会全体が埋め込まれたようなイメージである。

　つまり、生産力の高い自然環境が維持され、資源の生産と廃棄物処理の一部を自然環境に依存し、工業的な生産と消費は自

然のはたらきを壊すことのない範囲にとどめる。抽象的な表現ではあるが、自然と人間独自の活動が共存できる社会というのはこういった社会のことを言う。

　ここでひとつ言い訳をしておかなければならない。筆者が、工業社会や科学技術一般に失望しているととられるのは本意ではない。1960年代からの高度経済成長が、大量廃棄や物欲過剰の社会をもたらした反面、日本人の生活レベルを向上させた功績は高く評価しなければならないと考えている。そこでは、家電産業や自動車産業における急速な技術開発が大きな役割を果たしたことも事実である。考えなくてはならないのは、この右上がりのグラフをそのまま未来に向けて引くことができるかどうか、ということである。工業の急速な発展が、子孫の分 ── 枯渇性資源や廃棄物の捨て場の世代間の割り当て ── まで先取りしてなしえたものであるとすれば、やはり、今の世代の人々は深く反省しなくてはならない。

　いつまでもつのか、といった論争をしても結論は出ないが、資源が有限であるのは事実である。利用できる土地もまた、有限である。そして当然のことながら技術の発展も有限である。有限づくしの地球環境の中で、無限に近い年月続いてきたものがある。それは自然環境である。もちろん、1000年前、100年前の自然と今の自然は同じものではないから、ひとつひとつの状態は有限であった。けれども、人間社会のサイクルから見たら無限といって良いだろう。とすれば、私たちがつくろうとしている"持続可能な社会"は、自然環境が維持されることによって初めて実現するのではないだろうか。

　ここで今一度、自然環境の人類に対する価値について考えてみたい。

第2章 自然の価値の再考

❶ 自然の利用価値

《 現在の資源としての価値 》

　人間が生きるための最小限の条件は何だろうか。単純に言うと水、空気、食べ物、この3つが基本的な生存条件である。これらがどのようにして作られるのかを考えてみよう。

　水は地球上に豊富にある物質だが、海の水や使用直後の下水を利用することはできない。利用できるのは陸地の上流から川や地下水として、流れ落ちてくる水である。自然環境が良好に保全されていて、はじめて利用することのできる水である。

写真-7　豊かな自然の恵みによって私たちの営みがある

空気の中で人間の生存に必要な成分は酸素である。酸素は言うまでもなく植物が光合成によって作り出す気体である。しかし、酸素が豊富に含まれている空気が良い空気であるということではない。適度な酸素濃度に保たれていなければならず、それは自然環境のはたらきによっている。

空気も水も人間の利用によって汚れてしまうが、この汚れを取り除くのも自然環境のはたらきのひとつである。

食べ物は自然環境というよりは、人間が積極的に自然に働きかけて作るものである。しかし、自然から隔離した環境でそれを作り続けることはできない。なぜなら、人間の食べ物となる動植物も人間と同様に水と空気を必要とするからである。現在、食用に用いることのできる植物は約3,000種類知られている。そのうち作物として世界中でひろく栽培されているものは200種にのぼる。これらの植物は人間によって改良されたものも多いが、もともと自然環境の中でその土地に適応して生まれた種類である。

医薬品原料の多くも農作物と同じように自然から得られるものである。アメリカでは、使われている医薬品の約40％が自然から得られるもので、そのうち25％は高等植物の生産物を直接・間接的に利用したものである。

これらに加えて、燃料、繊維、染料、樹脂、油、香料、など自然が作り出すものは人間社会の様々な分野で不可欠のものとなっている。こうしたものを持続的に利用するためには、自然環境が十分に保全されていなくてはならない。

農作物が害虫によって受ける被害を最小限に食い止めているのも自然のはたらきである。それは、殺虫剤のまちがった使い方によって益虫を絶滅させたときに思い知らされる。益虫のいなくなった田畑には害虫が突然大発生し、その後も抵抗性を獲得した害虫との戦いを続けなくてはならなくなる。食べる食べ

られるのつながりが、それぞれの生き物の個体数を適正に保ち、増え過ぎが抑えられているのである。都市での不快昆虫の大発生も、自然界でそれを捕食する役割を担っている生き物の生息条件が悪いことが主な原因である。

将来の資源としての価値

　自然には、現状では商品としての価値が明らかではないが、将来的な価値が期待されるものがある。

　ひとつは、作物の新たな種あるいは新たな遺伝子としての役割である。食用可能な植物は知られている3,000種だけではなく、実際にはこれよりもはるかに多い80,000種ほどの植物が食用になると言われている。現在は利用されていないそれらのうちのあるものは、将来食用作物として高い価値をもつ可能性をもっている。

　あるいは、現在作物として利用されている種の品種改良に同種、あるいは近縁種の遺伝子が必要となる場合がある。たとえば、経済的な価値を考えて改良に改良が重ねられた今の品種は、多くの野生の遺伝子をなくしており、病害虫の被害を受けやすくなっている。そのため、15年程度の周期で原種や他の品種の遺伝子を戻し、新たな品種を作りださなければならない。実際、いくつかの作物において急激な病気の蔓延に対し、原種や別品種の遺伝子を導入することで絶滅をさけた例が知られている。

　将来の医薬品としての価値も期待されている。特に、探索の進んでいない熱帯の森林地帯では、経済的な価値を生み出す医薬品の開発のため、多くの植物や土壌菌が採集され、その組織成分の分析が行われている。そして、実際に効き目の高い医薬品の開発が実現している。

　自然環境は、現状の目にみえる価値のためだけではなく、将来

の利用のためにも十分な余裕をもって残されなくてはならない。

環境安定装置としての価値

自然環境のはたらきによって、気候や環境中の成分がある範囲内に保たれるしくみについては、気象学や海洋化学などの分野の研究によって明らかにされつつある。また、ガイア仮説と名づけられた考え方によって一般にも知られるようになった。この仮説は、地球がひとつの生命体であるかのように、自らの恒常性を保っているとするもので、発表当時は、「ひとつの生命体」や「進化してきた」という表現が論議をまねき、また誤解して受け入れられた。

しかし、自然界には、状態がある範囲を超えた場合に、元に戻そうとする力が働くことは客観的な事実である。"元に戻そうとする力"などという表現はやはり誤解の元となるので、自然界の相互関係のネットワークとでも言えば良いのだろう。たとえば、ある生き物が増えすぎるとそれを食べる捕食者も続いて増え、しばらくすると増えすぎた生き物の数は減らされる。周期的な変動はあるけれど、それぞれの生き物の個体数はある範囲におさまるようになっている。

森林には、地域の気温や湿度の極端な変動を抑える働きがあるし、河川の水や地下水が降っているか晴れているかにかかわらず、一定の量を維持しているのも森林のはたらきである。森林が衰えると、斜面の崩壊や水涸れが起こりやすくなるのはよく知られたことである。

夏の間、都市の気温が周囲に比べて異常に上がる現象をヒートアイランド現象と呼ぶ。冷暖房や動力源からの熱の発生や、塵による保温効果も原因のひとつだが、地面からの放熱が妨げられていることも大きな原因となっている。その問題を解消す

ガイア仮説は、1979年 J.E.ラヴロックによって提唱された考え方で、地球の物理的・化学的状態が地球自体によって制御されていると主張する。

ヒートアイランド現象を抑えるのに緑地は大きな効果がある。
☞ p.107

❶自然の利用価値　*41*

る方法として、緑地を増やすことが進められている。樹木や地面から水が蒸発するときに熱が奪われ、夏の夜の異常高温をある程度おさえることができる。これも自然環境がもつ効果のひとつであろう。

阪神淡路大震災においては、庭の樹木が家屋の全面倒壊を防止した例や、緑地によって延焼が止まった例が報告されている。人間が暮らしやすい環境をつくるのに、自然環境からはさらに多くの機能を引き出すことができるであろうと考えられている。

> 阪神淡路大震災では緑地が被害を軽減した例が多数報告されており、復興にあたっても緑地を生かしたまちづくりが神戸市などで進められている。☞ p.109

こころのよりどころとしての価値

人間のこころの荒廃が問題になっている。

社会の中での人との付き合いかたが変わったことが、原因のひとつであるとも言われる。つまり、昔の村のようなわずらわしさがなくなった反面、人間関係での不快感に耐える限度が低くなったということかもしれない。俗に言う"キレる"という

写真-8　美しい自然は人の心を癒してくれる

感情の高まりは、不愉快なことにがまんできなくなっていることを示しているのだろう。その意味では、便利で快適な商品にうもれた生活は、明らかに不快感に対する耐久力を下げている。

しかし、不快なことから逃れようとする感覚は、今に始まったものではない。都市の歴史そのものが自然の中に暮らすことの不快感から逃れる戦いだった。

ところが、自然から離れようとしながらも、人間は自然の一部を自分たちのすぐ近くに残し、それを楽しむということを同時にやってきている。庭園がそれである。イギリスやフランスの幾何学的な庭園にしろ、日本的な庭園にしろ、野生の植物を都市に取り込み、自然の荒々しさとは離れた安全なところに身をおきながらも、やはり、自然なしではいられなかったのではないだろうか。

キャンプやハイキングといったレジャーも、人間がときには自然の中に埋もれたいという欲求の表れである。自然の中でのレクリエーションに過剰な快適を求めては意味がない、という考え方もあるが、自然の中での不便さを楽しむ人も、都会の便利さを持ち込む人も、自然を求める気持ちは共通であると考えたい。

太古の昔から、人間は自然とのさまざまなふれあいを通して文化や宗教などを形づくってきた。それは現在、美術や音楽の中に見ることができる。また、歴史に残る世界各地の文学作品、建築物や工芸品の文様にも植物や動物を描いたものが多い。人間の精神は自然から切り離すことはできない。

発達・発育の場としての価値

快適な環境を求めてきた結果、人間の住む環境は非常に情報量の少ないものになってしまっている。情報量という言い方ではわかりにくいとすれば、刺激の多様性と表現した方が良いの

かもしれない。たとえば、快適な室内は年間を通じて一定の室温に調節されている。これは、温度情報の少ない環境であると見なすことができる。こうした人工的な環境では、寒さや暑さといった不快な温度にさらされることなく、適温の範囲で過ごすことができる。

　しかし、人間の体のしくみは、文明が高度化していくのにつきあうことなく、数万年前から、あるいはもっと昔から大きく変わってはいないと考えられている。洞窟で暮らしていた石器時代前の人たちも、コンピューター管理された集合住宅に住む人たちも、体のしくみはほとんど違わないということである。しかも、人間の生理的なはたらきの中には、子供のころに刺激を受けながら発達していくものがたくさんあることが分かっている。そういった機能の発達が、快適だが情報量の少ない環境の中で育つことによって十分発達しないとすれば、育ったあとで健康上の問題を抱えることになる可能性がある。

　それに加えて、子供の心の成長に自然とのやりとりが不可欠であるという指摘もある。レーチェル・カーソンは、その代表作

写真-9　自然の中で生きるていく力を獲得する

『センス・オブ・ワンダー』の中で、生涯を生き抜く力が子供の頃の自然体験によって得られることを何度も強調している。また、イディス・コッブは自然環境の中での体験が、人間の天性の能力を引き出すことを指摘している。

自然の情報量は、人工的な環境と比較にならないほど膨大である。色、音、匂い、温度、湿度、触感など、発育途上にある子供たちがこうした多様な刺激を受けることによって、本来もっている能力を表に出すという考え方には、十分な説得力がある。

技術のモデルとしての価値

人間だけがもつ高度な技術もまた、その一部は自然の中から発想されたものである。

たとえば、飛行機や列車の先端部は空気を切り裂いて空を飛ぶ鳥の頭に似ている。飛行機の翼の形は、鳥の翼を研究することによって発見された形であり、この基礎的な研究の上に航空

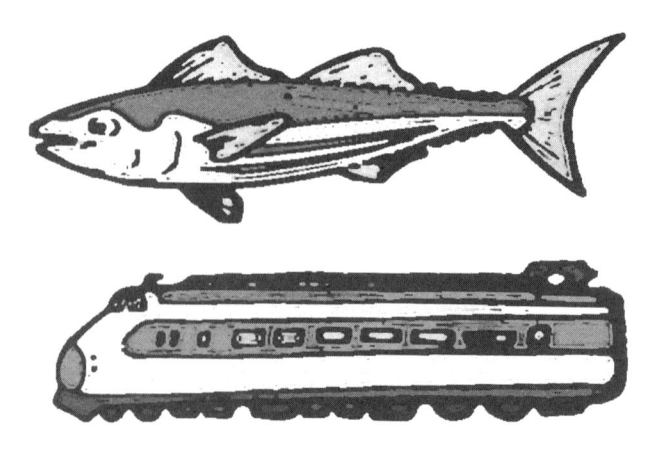

図-4　新幹線は何をまねたものだろうか？

力学のような高度な学問が成り立っている。自動車の流線形の形もまた航空力学の成果であろう。最近では、高速で走行する列車から発生する騒音を防止するのに、フクロウ類の翼の消音構造が模倣されている。

　最近では、コンピュータの演算方法に動物の神経細胞の機能が応用されている。今後もこの分野では動物や人間の思考形態を模倣したプログラムや、実際に動物の組織を利用したハードウェアが実用化されると考えられている。

　生き物の体の形やはたらきは、人間が作る道具のモデルとして多くのアイディアを提供してくれた。工業技術が頂点を迎えた現在、主な生き物は技術のモデルとしてはほとんど参照されつくされたのかもしれないが、生き物の世界にはまだ分かっていないことが山のように残されている。今後の新たな技術開発に、これらの生き物の研究が何らかのアイディアを提供する可能性は十分にある。

❷ 自然によって維持される生命

《 栄養を作り出すはたらき 》

　地球以外の天体で、はっきりと生き物の生息が確認されている星はまだ見つかっていない。他にはないと考えるのは一種の思い上がりかもしれないが、少なくとも、地球が幸運な条件が整っていたごくごくまれな星であることはまちがいない。しかし、地球が生き物の住める星でいられたのは、その後の生き物の活動に負うところが大きい。ここでは、そうした地球規模の生き物による生命維持の働きを物質循環の視点からながめてみる。

　地球規模の物質循環系における生き物の役割については、微生物学の分野を中心に、近年次第に興味深い現象が分かってきている。それらの研究成果から、個々の生物種があたかも肝臓の細胞の中の酵素のように互いに補い合いながら、生態系全体の代謝システムをなめらかに進ませる役割をもつものであるという考え方が生まれてきた。地域の生き物をワンセットのものとして保全しなくてはならない理由は、これらの生き物どうしのつながりが、物質循環の流れを動かす動力そのものであるからである。

① 植物と菌との栄養共生

　生き物どうしの共生関係のうち、必要な栄養素のやりとりをおこなっている関係を、ここでは栄養共生と呼ぶことにする。中でも、マメ科の植物と根粒細菌との共生関係は良く知られた関係である。

　根粒細菌には、空気中の窒素を水に溶ける化合物に変えるという特殊な能力がある。この能力によって、他のほとんどの生き物が利用できない空気中の窒素を利用できる形に変え

> 空気中のN_2を水溶性のNH_4に転換する作用を窒素固定と言い、ランソウやアゾトバクターなど独立した微生物もその機能を持っている。

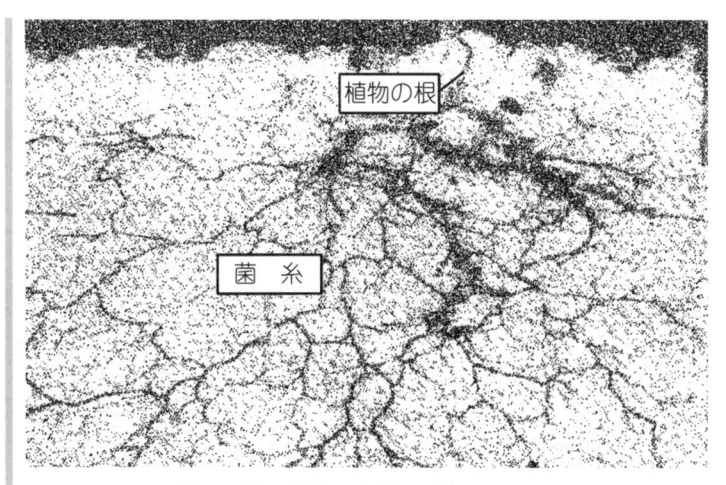

図-5　菌は植物の生存を手伝っている

ることができる。マメ科の植物は、こうして作られた窒素化合物を利用してアミノ酸や核酸を合成し、それを種子などにたくわえる。他の生き物はこれを食べることによって、生きていくのになくてはならない窒素分を得ることができるようになる。

　つまり、根粒細菌がいるおかげで、そのままでは栄養にならない空気中の窒素が、栄養として生き物の世界に取り込まれるということである。

　植物の根のまわりの微生物が植物の栄養補給に役立っているという現象は、これまでよく知られてきたランとラン菌や、アカマツとマツタケといった限られた種だけでなく、多くの、あるいはほとんどの植物に共通した現象であると考えられるようになってきた。

② 動物と菌との栄養共生
　栄養吸収器官としての植物の根は、動物では腸にあたる。そして、ここでも同じような菌との栄養のやりとりが知られ

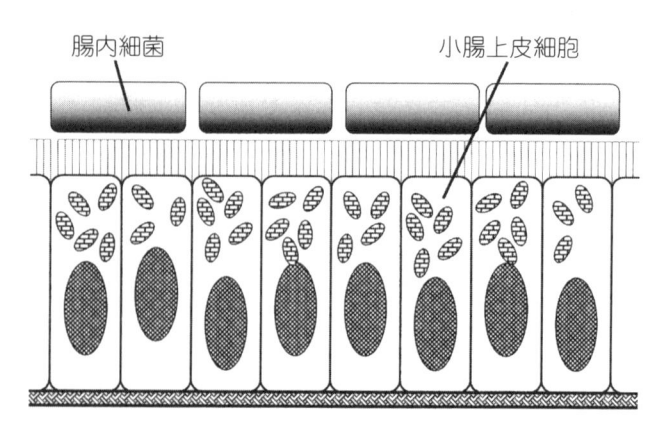

図-6　おなかの中の菌が命を支えている

ている。

　動物の栄養共生の代表的なものは、シロアリ類とセルロース分解能力をもつその腸内微生物との共生関係である。この共生関係によって、シロアリ類は自分自身では分解できない木質部を食べ物として利用できるようになる。草食(植食)動物とその腸内の微生物との関係もこれに近い。草食動物もシロアリと同じように、自分自身では草の繊維を分解することはできない。

　人間の腸にも多くの細菌がすみついている。乳酸菌や大腸菌あるいはビフィズス菌がよく知られている。最近の研究によると、人間の腸内の細菌もビタミンや有機酸の供給、生理活性物質の生産などで人間の健康を維持していることがわかってきた。人間の命もまた栄養共生によって支えられているのである。

③ 地球規模の栄養の分配

　地球上で最も量の多い有機物は、枯れ葉や枯れ枝などの積もったもの(リター)と、それが変化した腐植であると考えら

れている。これらの有機物は大量のセルロースやリグニンを含んでいるため、動物がそのまま利用するには限界がある。しかし、リター層や腐植層にすんでいる腐朽菌類（きのこの仲間）は、セルロースやリグニンを分解する能力にすぐれているため、菌類の多い環境ではこれらの多くが食物連鎖の中に流入してくると考えることができる。逆に、分解する菌類の少ない環境ではリターや腐植は利用されずに残る。

　このように、特定の生物グループのもつ特殊な能力が、地球全体での特定の栄養分の供給、流通あるいは配分に大きな役割を果たしている。地球規模の代謝経路という表現は、けっしておおげさな言い方ではないのである。

栄養を運ぶはたらき

　陸上の栄養分は、雨に洗われたり川に流されたりして、やがてすべては海へながれ去ってしまうが、それらが生き物の移動によって再び陸地に運び上げられる現象が知られている。このような生き物による物質の移動を、ここでは栄養運搬と呼ぶ。

① 魚の溯上による栄養の運搬

　この分野の研究では、サケやマスなどの溯上魚による栄養分の運び上げがよく知られている。カナダでは、海岸から1,400 km離れた川の上流にのぼったサケ（とその死体）のほとんどが、その付近にとどまっているという報告がある。これらは肉食の鳥類や哺乳類によって食べられ、糞として森林のあちこちにばらまかれていると考えられる。このような栄養の運び上げを行っているのはサケやマスだけではないだろう。川の源流から河口までの間の各場所で住み分けしている多くの生き物がかかわり、バケツリレーのような形をとって、連

続的な栄養分の運び上げが行われていると想像できる。幼虫時代を川ですごす昆虫が、羽化したあと上流をめざして飛んでいく現象も、栄養の運搬という目で見ると興味深い。このような小さな移動が繰り返されて、地球規模の栄養の大きな循環につながっている。

② 硫黄の還流

　生き物の体を通って運搬されている成分のひとつとして硫黄が知られている。硫黄は硫化物として主に岩石中に含まれており、リンと同じ様に陸地から失われてしまいがちな元素のひとつである。それが陸上に戻ってくるルートとして、海から気化する硫黄化合物が重要であると報告されている。それによると、海にすむ植物プランクトンの細胞内に蓄積されている浸透圧対策のための硫黄化合物が、そのプランクトンが死んだときに気化し、雨水に溶けて陸地に降っていると考えられている。

　硫黄の大きな循環については、これまで火山の噴火によって地上へ供給される部分が大きいと考えられてきたが、短期的なサイクルでは、植物プランクトンのかかわりも無視できない。

③ 鉄分の供給

　鉄分の供給にも、生き物が関与していることが報告されている。鉄はきわめて酸化しやすい元素であり、いったん酸化状態、つまり赤さびになってしまうと生き物の栄養分としては役に立たなくなってしまう。土の中にある還元状態の鉄も、空気に触れるとすぐにさびに変わる。けれども、腐植ができる反応の過程で生じるフルボ酸のなかまの化学物質が、還元状態の鉄と結びつきそのまま海まで運搬し、それが海の生き

> 海産の植物プランクトンは塩分の浸透圧に耐えるため細胞中に硫黄化合物をため込んでいる。植物プランクトンが死ぬと分解され、硫酸ジメチルとなって気化する。

❷ 自然によって維持される生命

物への重要な鉄供給源になっていると考えられている。

④ 運搬者としての動物

　動物には最低27種の元素が必須であるといわれている。それらの元素の多くは、地球上のいたるところから自然に吹き出しているものではない。中には片寄った分布になりやすいものもある。栄養の片寄った分布は生き物の分布にも影響している。このような栄養分が生き物の移動によって運搬されているという考え方は、必ずしも実証的な研究がたくさんあるというわけではない。しかし、ほとんどの動物と多くの植物が、その体に栄養分を蓄えた状態で移動し、糞をしたり、死体となることによって、栄養分を別に場所に運んでいるというのは事実である。これは、物質の移動あるいは攪拌（かくはん）と考えることができる。

　このような動物の役割を強調して、運搬者という考え方が提案されている(図-7)。この考え方は消費者というこれまでの生態学の用語では、動物が行っている生態系維持の役割が見えてこないという反省に基づいて発想されたものであろう。この運搬者という用語が生態学の中にどのように位置づけられるのかは、今後の研究や議論に待たなければならないが、

> 動物には、酸素・炭素・水素・窒素の主要元素の他に、カルシウム・リン・硫黄・カリウム・ナトリウム・塩素・マグネシウム・鉄・フッ素・亜鉛・ルビジウム・ストロンチウム・銅・ホウ素・ケイ素・バナジウム・ヨウ素・セレニウム・マンガン・ニッケル・モリブデン・クロム・コバルトの23元素が必須であると考えられている。

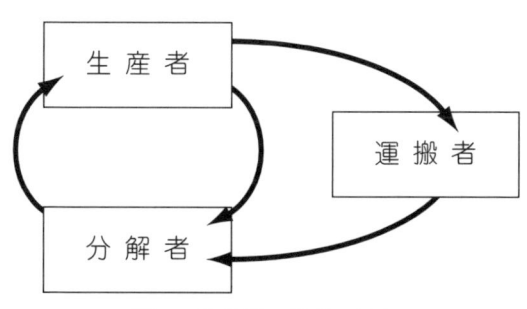

図-7　生態系の栄養の流れ
(勝木　渥「環境の基礎理論」より改図)

循環系の中での動物の役割を非常にうまく表現していると考えられる。

⑤ 生態系における人間の役割

これまでの環境問題の議論では往々にして人間が悪者にされてきた。また、人間は自然の循環に寄生するだけの存在に思われてきた。本当に人間は地球環境にとって不要な生き物なのだろうか。人間のいないほうが地球環境は良好に保たれるのだろうか。

そこで、運搬者の考え方に立ってみると人間が生態系の中でなすべき別の役割が見えてくる。地球環境を保全するということは、人間のしてきたマイナス面を除くということだけに止まらない。人間が地球に対してプラスの効果を与える役割を果たしてこその環境保全である。その意味で〈運搬者〉という表現は、これからの人間の自然へのかかわりをも示す言葉だと考えることができる。

❸ 自然がもつ固有の価値

《 ヒトゲノムの解読が示すもの 》

　現在、イギリス、アメリカ、日本などを中心に、ヒトの全ゲノムを解読するプロジェクトが進められている。ゲノムというのは、ひとりの人間（1個体の生き物）がもつひと揃いのDNAのことであり、ひとつひとつの細胞にそれが含まれている。ゲノムは個人によって多少の違いはあるが、ヒトがヒト（種が種）であることを決めるすべての情報が含まれている。

　このプロジェクトには、一部に製薬業界の利害がからんでおり、商品化につながる遺伝子の配列に対して特許を申請する動きもあるが、当初の目的は人間そのものの理解にあると考えてよいだろう。プロジェクトを進めている研究者のひとり、東京大学医科学研究所の勝木元也教授も、産業目的に集中することの危険性を指摘し、基礎研究の重要性を主張している（毎日新聞、1999年9月20日）。

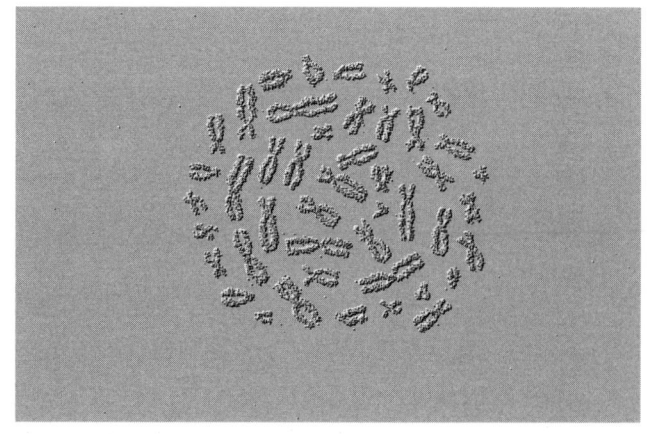

図-8　ヒトの染色体（この中に人類進化のなぞがかくされている）

> 遺伝子ではない部分はスペーサーなどとよばれている。

人間のゲノム(DNA)は、ほんの数％の遺伝子と遺伝子ではない大部分で構成されている。遺伝子ではないDNAにどんな役割があるのか、あるいはないのか、良く分かってはいないが、これらの中に、人が祖先から別れてきた歴史が刻まれているといわれている。

地球上のすべての生き物は、人と同じ40億年の進化の歴史を持っている。これは、40億年前の祖先とよく似ている細菌類であっても同じである。違うのはゲノムを大きく変化させたのか、させなかったのかという点である。よく「ヒトはサルから進化した」というが、正確には、いまのサルの仲間と人間の共通の祖先がかつて存在していたという意味である。

ヒトゲノム計画が営利目的で終わるのならともかく、科学的な役割を果たし、ヒトという種の理解を深めることに貢献するのならば、それによってヒト以外の生き物に対する認識も改められる可能性がある。人間が特殊な生き物ではないことが広く理解され、人間以外の種に対する排他的・支配的な感覚が薄れていくことも予想される。

ディープエコロジー

自然がもつ人間に対する利益とは別の固有の価値を話題にあげる場合、ディープエコロジーの思想にふれないわけにはいかないだろう。

この考え方を提唱したノルウェーの哲学者アルネ・ネスによると、技術や制度の変革によって環境問題を解決しようとする考え方は狭いエコロジー運動(言わばシャロウエコロジー)であり、現在の困難な状況から抜けるためには発想の根本から変えなくてはならないという。そのための根源的な思想がディープエコロジーである。

ディープエコロジストは次のように説明する。現在の地球環境問題の根本には人間中心的な発想があり、社会はその考えにもとづいて動いている。したがって、地球環境問題を根本的に解決するには、人間の暮らしやすい社会、人間にとって害のない社会、といったレベルの改善ではだめで、人類全体の内面的な改革がなくてはならない。

　キリスト教的な人間中心主義の洗礼を受けていない日本人にとっては、人間中心主義的なエコロジーと自然中心主義のエコロジーとの違いを、はっきりと識別するのは簡単なことではない。ことばの上ではわかったつもりでも、どこかストンと落ちない部分が残る。

　人間中心主義からの脱出といわれても実感しにくい面があるが、日本では、昔から「バチがあたる」という独特の発想が存在した。仏教や国家神道が普及する以前から、庶民の間ではこのような宗教的感覚があったと考えられる。八百万（やおよろず）の神々が森羅万象に宿っているといった感性は、自然全体を神格化している発想であり、これもまた自然に固有の存在価値を認めているものと考えることができよう。そういった発想を取り戻すことも重要なことなのかもしれない。

　こうした発想を全面的に受け入れられる下地が社会の中にあるとはかならずしも言えないが、他の生き物にも人間同様に生きていく権利があるという考えは、次第に浸透しつつあるように思われる。

第3章 自然環境の現状

❶ 生物種の絶滅

《 過去の絶滅と今の絶滅 》

　環境の悪化は、昨日今日になって急に起きたことではない。いん石の落下のような大きな環境破壊はこれまでにも起きているし、生き物の絶滅も過去に何度も起こってきたありふれた現象である。しかし、そこでは、ひとつの種が絶滅するたびに数万年から数十万年という時間をかけて新しい種が誕生し、生態系のはたらきが元に戻せないほど大きく損なわれることはなかったと想像される。

　それに比べて、現在起こっている絶滅は過去の大量絶滅とは性質の違う問題である。表-2は、これまでの種の絶滅の速度を現在のそれと比較したものである。過去の絶滅種数は不確実な要素があるため大まかな推定値でしかないが、現在の絶滅速度

表-2　生物種の絶滅速度の比較

時　　代	絶滅速度　種／年
白亜紀（恐竜の絶滅）	0.001
1600年〜1900年	0.25
1900年代初頭	1
1975年	1,000
1990年	4,000

「沈みゆく箱船」　N・マイヤースより

が異常に大きいことは理解できる。このことは、種の絶滅を新たな種が進化することで補うための時間的猶予がなく、生態系の相互依存関係が長期にわたって、あるいは永久的に損なわれてしまうことを意味している。

　生物種の絶滅によって生態系の機能がどれほど低下するのかについては、関係する要素が多くつながりが複雑で地域による違いが大きいため、一般的なモデルを立てて予測するのはとてもむずかしいと考えられている。それをふまえた上で、ひとつのよく知られたモデルを紹介する。このモデルはリベットモデルと呼ばれている。これは生態系を飛行機に、生物種をそのリベット（止め金具）にたとえたものである。

　飛行機のリベットがひとつふたつ落ちても飛行にはさしさわりがない場合もある。けれども、抜け落ちたリベットの数が限度を超えると飛行機は空中分解してしまい墜落する。同様に生態系においても、絶滅した種の機能のあるものは他の種に補われ大きな影響は生じないかもしれないが、絶滅した種の数がある限度を超えると生態系の相互依存関係が保てなくなり、多くの種が連鎖的に絶滅してしまう。また、リベットによってはひとつ抜けるだけでも飛行に影響するものもあるのかもしれない。それにあたる影響力の大きい種をキーストーン種と呼んでいる。

> キーストーンとは石垣の要石のことで、これをはずすと石垣全体が崩れるような重要な位置にある石のことを言う。
> ☞ p.88

絶滅の原因

① 生息環境の悪化

　現在、人間の土地利用によって生き物のすみかである環境が悪化し、多くの生き物が絶滅のふちに追いやられている。

　湿地が埋め立てられたり森林が皆伐されたりして、すみか全体がごっそりなくなってしまう場合はもちろんのこと、暮らしていくための条件の一部がなくなってしまうだけでも絶

滅してしまう場合がある。たとえば安全に休息できるねぐらや、捕食者に追われたときに一時避難する隠れ家がなくなるのも重大なことである。

動物の場合、繁殖のための環境がなくなってしまうことは絶滅の大きな原因である。親（成体）が十分暮らせる環境が残っていても、子供が育たなくては次の世代につなげることはできないからだ。たとえば、カエルの仲間であるヒキガエ

写真-10　こどもの頃は水辺がなければならない
（モリアオガエルの卵塊）

植物種の絶滅の原因

原因	種数
湿地開発	142
森林伐採	126
草地開発	38
道路工事	19
ダム建設	11
石灰採掘	8
その他の開発	43
園芸目的の採集	254
薬用目的の採集	3
その他（遷移等）	346

『日本絶滅危惧植物』より

動物種の絶滅の原因

原因	魚類	両生類	爬虫類	鳥類	哺乳類
環境破壊・悪化	127	27	40	102	153
乱獲	19	10	47	53	121
移入種の影響	64	5	13	49	14
食物不足	2	1	1	1	20
捕獲・駆除	1		6	2	24

（国際自然保護連合調査より）

ル、ニホンアカガエル、カジカガエルは、親は陸地で暮らしているが子供であるオタマジャクシは池、水たまり、渓流といった決まった環境で成長する。水辺で暮らすカメの仲間はこれとは逆に陸地に卵を産む。淡水魚の多くは流れの緩やかなところで子供時代をすごすし、海水魚も産卵の時期に海岸に集まってくるものが多い。このような産卵場所や養育場所は種の生存を左右する。

　大型の肉食動物の場合、残された生息場所が狭くて十分な食物が確保されないために絶滅に向かう場合がある。また、人間との接触をきらって森の奥深くにすむ動物は、道路が通ったり森の縁が欠けたりして外からの影響が増えるといなくなってしまう。陸上を移動する動物の場合、移動をさえぎる壁ができるだけで絶滅に向かうこともある。

　長い距離を旅するシギやチドリの仲間は、それぞれ短期間ではあるが旅の途中で食物を取るための干潟が必要である。さらに、水が飲める場所はほとんどの生き物にとって欠かす

写真-11　渡り鳥にとって干潟は長距離旅行のガソリンスタンドである
（山下弘文「ラムサール条約と日本の湿地」(1993) 信山社）

❶生物種の絶滅

ことのできない要素であるため、水飲み場がなくなるだけでその場所からいなくなる場合もある。

ある生き物の生息条件が完全に確保されていても、それと共生関係にある別種の生き物の生息環境が確保されなければ、やはり絶滅の原因となる。この種間関係のネットワークが複雑であるため、絶滅の原因すら解明されずに滅ぼしてしまうことも起こりうる。

このように、ささいな開発であっても、生き物の種類によっては絶滅にいたる重大な影響をもたらす場合があり、こうした生息条件の悪化によって多くの生き物が絶滅し、また、危険な状態に置かれてしまっている。

② 侵入生物による圧迫

よそから本来はいないはずの生き物が移りすむことによって、元からすんでいた生き物が悪影響を受ける場合がある。日本産の生き物どうしであっても、他地域からの移入が問題を起こす場合があるが、現在各地で問題になっているオオクチバス、ブルーギル、マングース、セイタカアワダチソウ、アメリカセンダングサといった生き物は海外から持ち込まれた生き物である。こうした生き物のうち、日本の環境に適応して繁殖を続けているものを帰化種と呼んでいる。

生き物の種間の相互関係は、長いつきあいを通して築かれた微妙な関係である。その関係の中には緊密で離すことのできないものもある。この相互関係によって互いの個体数をある範囲に保ち、継続して生きていくことができる。ところが、そこにいままでいなかった新しい生物が侵入すると、この微妙なバランスが崩れてしまう場合がある。

一般に、侵入生物との間で次のような問題が起こると考えられている。たとえば、共通の資源（食物やすみか）を利用し

> 元からその場所に生息していた生き物は、在来種と呼ばれる。

ている在来種との競争に打ち勝ち、その地位を奪う。在来種を食物として捕食する。それまでなかった病気を持ち込み、耐性が獲得されていない在来種に感染させる。栄養循環を変化させて（富栄養化・貧栄養化）生息地の質を変える。近縁の在来種と交雑して、地域独自の遺伝的特性を失わせる。こうした要因によって在来の生き物が被害を受け、場合によってはその地域から絶滅してしまうことにもなる。

日本各地の湖にスポーツ目的で放流されたオオクチバス（通称ブラックバス）が、在来の魚を食べてしまっている例はよく知られているし、アメリカザリガニが環境の構造を変えてしまった例も報告されている。

開発によって、そこにすんでいる生き物の生息環境が失われると同時に、切土面のような新しい環境が生じることも多い。こうした新たな環境は、セイタカアワダチソウのように荒れ地を好む生き物の格好の生育場所になり、侵入生物の分布の拡大を助ける。

写真-12　スポーツフィッシングブームの火付け役となった代表的な移入種のブラックバス(上)と繁殖力の旺盛なブルーギル(下)
（田中正彦「湾岸都市の生態系と自然保護」（1997）信山社サイテック）

③ 化学物質による汚染

人工的な化学物質の流出による環境の汚染で、多くの生き物が生理的障害を受け、感染症にかかったり繁殖機能を失ったりして、その生存に大きな影響を受ける場合もある。

ヨーロッパでは農地に散布された農薬が食物連鎖を通して濃縮され、猛禽類の卵の殻が薄くなって、ひなが生まれなくなった例が報告されている。また、半閉鎖的な北海では、海洋性の哺乳類の死体から高濃度の有機塩素系の化合物が確認され、大量死の原因であると言われている。内分泌撹乱物質（環境ホルモン）の影響で海産動物のオスがメス化している例も報告されている。

このように、環境中へ有害な化学物質が流れ出ることによって種の存続に悪影響を及ぼすことがあり、絶滅につながる危険性が指摘されている。

④ 採集・捕獲

大規模な採集や捕獲が種の存続に影響を与えている例も知られている。

ラン科の植物には、鑑賞価値の高い花の美しい種が多い。

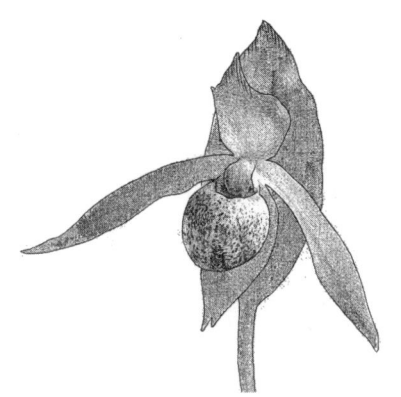

図-9 美しいために絶滅の危機に瀕している

しかし、ランの仲間の多くは生育できる環境の限られたものが多く個体数も少ない。そのため、群生している場所からまるごと掘り取られる場合があり、アツモリソウなどはそうした採集が原因で絶滅の危機に瀕している。

動物でも毛皮の美しい種類や体の一部に商品としての価値があるものは、捕獲による影響を受けてきた。海外ではラッコやサイの仲間などが捕獲によって個体数を減らしている。日本ではカワウソやアホウドリがそれにあたる。特に、哺乳類や鳥類の場合、もともと個体数がそれほど急激には増加しない種類が多い。法的に許される場合であっても、商業的な捕獲が種の存続に全く影響を与えないとは考えにくい。

絶滅の危険に瀕している生き物

生物種の絶滅を止めるためには、まず、それぞれの種の現状を把握することから始めなくてはならない。過去のある時期と比べて個体数が急激に減っていたり、それまで分布していた場所からいなくなっていたりする種は、絶滅の危険性が増していると判断することができるが、危険性の程度を判断するためには詳しい調査を行なわなくてはならない。

長期にわたって同じレベルの調査を継続するためには、生き物の情報を集積できる体制、または組織を確立しておかなくてはならない。しかし、残念なことに、現在あらゆる生き物の分類群で十分な調査能力をもった人材が不足しているといわれている。しかも、この調査は10年20年と継続的に同じ場所で同じレベルで行なわれなくてはならないため、調査手法の統一と人材の育成は必要条件である。こうした、体制的な遅れが生物種絶滅の対策におおきな足かせとなっている。

また、日本全国あるいは全世界的にそれらの生き物の危険性

を同じ土俵で比べるためには、それぞれの種の個体数の変化や分布状況を数値であらわすための共通した基準も必要となる。これに対しては、現在、世界中の多くの国でIUCN（国際自然保護連合）のカテゴリーが採用されている。IUCNのカテゴリーでは、それぞれの種の絶滅の危険性を表現するのに量的な表現方法が使われ、それに応じてランク付けされている。

　日本でも、基本的な考え方はIUCNにしたがいながらも、日本の状況にあわせてこれを一部変更し、次のような評価方法を採用した。そして、これに該当する種のリストを公表することによって、土地利用や開発にあたって絶滅の危険性に十分配慮した計画を立てるように求めている。

① 絶　滅

　過去に日本国内に生息していたことが確認されている種で、現在、飼育・栽培下を含め完全に絶滅したと考えられる種。絶滅の判定はむずかしい場合があり、ニホンカワウソのように、まれにそれらしい痕跡が発見されると絶滅とは断定しにくい。

② 野生絶滅

　前述と同様に、これまで生息していた地域のすべてで絶滅が確認されているが、飼育や栽培によって本来の生息地とは

レッドリストのカテゴリー (IUCN, 1994)	
絶　滅（EX）	
野生絶滅（EW）	
絶滅危惧	絶滅危惧IA類（CR）
	絶滅危惧IB類（EN）
	絶滅危惧II類（VU）
低リスク	保全対策依存（CD）
	準絶滅危惧（NT）
	軽度懸念（LC）
情報不足（DD）	
未評価（NE）	

違った場所で生き残っている種。
③ 絶滅危惧
　絶滅の危険性が高いと考えられる種。危険性の高さに応じてⅠ類とⅡ類に、Ⅰ類はさらにⅠA類とⅠB類に細分化されている。

　各地域の生息地のすべて、あるいは大部分で個体数が減っている場合、生息環境が著しく悪化している場合、繁殖によって増える数を上回る捕獲・採取が行われている場合、交雑のおそれのある別種が侵入している場合がこれに当てはまる。減少や悪化の程度を数値で示すことのできる場合は、数学的な解析によって絶滅の可能性を数量化し、その数値によって下のより細かいランクに分けられる。

④ 準絶滅危惧
　現時点での絶滅危険性は低いが、個体数が減少している、生息条件が悪化している、捕獲・採取の圧力を受けている、交雑可能な別種が侵入している、といった絶滅につながる条件に置かれている種。

⑤ 情報不足
　判断できる情報は不足しているが、もともと数が少なかったり、生息地が限られていたり、特殊な生息条件を必要としたり、といったちょっとした環境変化で絶滅の危険性が高まる可能性のある種。

　こうした、生き物の現状を評価する基準は、それぞれの地域において地域の生物の現状を把握するために用いられ、地域ごとのリストの作成が進められている。

❷ 自然環境の価値を評価できない社会

　なぜ、自然は今の社会の中で正当な評価を受けられないでいるのだろうか。

　それは簡単に言えば、人間にとっての自然の価値を経済学的に評価することがむずかしかったからである。

　経済的な価値観が支配的な社会では、経済的な価値を生み出さないものは必要性の低いものであるとみなされる。農地の利用で言えば、ただの野菜を作るより、商品作物を作る方が経済的価値の高い土地の使い方である。しかし、それをやめて駐車場やアパートにした方がもっと価値のある土地の使い方である。駐車場にしてしまえば、天候の変化や病害虫などの自然環境からの影響も受けなくなる。地球環境の悪化によって自然が大きく変化しても、駐車場であれば得られる収入に大きな変化はないだろう。

　多くの発展途上国が工業化を進めているのも同じような動機なのかもしれない。工業化がうまくいけば、地球環境の悪化が進行して旱魃（かんばつ）や冷害が頻繁に起きても影響されないため、環境を保全しようとする動機も薄れてくる。そうなると、環境保全に予算をつぎ込むより工業に予算を向ける方が賢い選択である、ということになる。

　経済的な価値観の支配する社会は、こういった罠にはまる可能性がある。農業や林業といった自然からの影響を受けやすい産業から、自然環境との関わりの少ない産業に移ることによって、自然に対する関心がなくなってしまう。

　しかし、前に述べたとおり、人間は自然環境がなくては生きていくことはできない。経済的な価値がゼロに近いものであっても、重要であることに疑う余地はない。

このように考えると、経済力が高まることと自然環境が保全されることとは両立しないものであるかのようにみえる。表面的には、環境に配慮することによってゴミ処理費、光熱費（電気代）、消耗品費（紙代）が削減できて、経済的な目標と環境保全の目標が同時に実現する場合もある。けれども、それには限度があり、さらに環境配慮を進めようとすると企業活動そのものとぶつかってしまう。

　国民の消費が増えて経済が大きくなれば、財政（国や県や市町村の使うお金）にゆとりが生まれ、環境対策にあてることができる予算も大きくなる。したがって、環境保全を進めるためにも消費を増やすことは必要である、といわれ、より多くの商品を買わせるための政策が実施されている。しかし、「有限」な環境の中で消費が増えるということは、環境に対する負荷が増えるということである。財政にゆとりが生じた時には、保全すべき環境はすでに回復不可能になっているかもしれない。

　経済学の分野では、環境保全のための経済的なしくみの改善が進められている。たとえば、環境の悪化によって生じた不利益を、原因となった商品の値段などに反映させる方法がある。環境税も基本的にはこういった考え方をふまえたものである。商品を製造する企業は、余分な負担を避けるために環境に対する影響の小さい製品に切り替えることもできるが、逆に負担を受け入れる代わりに、今までの手法で生産を続ける選択をすることもできる。そのため、汚染の総量などの環境に対する影響は環境や人体が許すレベルではなく、負担の大きさや経済のレベルによって決まってしまう。

　このような経済的な手法が注目されているのは、それが環境の悪化を防ぐ最善の手段であるからではなく、基準を決めて規制する手法よりも受け入れられやすいからだと考えられている。今の経済のルールをそのままにして環境保全の目的に対応でき

❷ 自然環境の価値を評価できない社会

るからである。しかし現実的には、基本的な環境税でさえも産業界の抵抗が強くて導入は進んでいない。

　今の経済のルールの中で環境保全を進めるには、自然の価値や限界や環境悪化の不可逆性に対する十分な情報が必要となる。十分な情報が経済のルールに取り入れられるのであれば、社会は自然の価値を保全し、より高める方向に自然に（ひとりでに）流れていくのかもしれない。しかし、現実には何が重要なのか、何を残さなくてはならないのかについての情報が無いままに、経済的な価値を求めることに特殊化してしまった社会が、相も変わらずぐんぐん進められている。

> 元に戻らないことを不可逆と言う。環境悪化の中には、二度と元に戻せない場合もある。この場合、復元にかかる費用は無限大となる。

第4章 自然の何を保全するのか

❶ 種と種の間のかかわりあいを保全する

写真-13　地衣類は菌と藻との共生体である

《 互いに生かしあう関係 》

　ひとくちに「自然環境を保全する」といっても、どのような方法で保全すればよいのかは、個々の環境の条件や周囲の状況によって違ってくるのが普通である。しかし、ケースバイケースではあっても基本的な原則はある。それはどのような考え方なのだろうか。
　それを理解するためには、生き物の世界の成り立ちを理解し

なくてはならない。

　地域の生き物の集まりは、長い歴史の結果として成立した、ダーウィン的に表現するならば、選ばれた関係にある。バラバラにした細胞を寄せ集めてもひとりの人間を作ることができないのと同じように、あちこちの生物種を適当に集めても生態系を完成させることはできない。そこに住む生き物の間には、なんらかの関係—種間相互作用—があるからである。

　このような互いに関係のある生き物の集まりを、専門的な言い方で「生物群集」と呼んでいる。生物群集は、ちょうど代役の効かない演劇に喩えることができる。舞台がその地域の地理的なくくり、ひとまとまりの自然にあたる。群集に含まれる生き物の種は俳優である。役割が固定しているのは、それらの種が長い年月をかけて適応／進化してきた結果である。違った舞台—地域—では、それぞれ違った俳優—生物種—が与えられた役割を担っている。

　イソップ童話にあるツルとキツネの寓話に、動物の形態が特殊化することにより食性が限定されてしまう、あるいは食性が限

図-10　ふだんの食べ物にあわせた姿形になっている

❶ 種と種の間のかかわりあいを保全する

定されることにより形態が特殊化する例を見ることができる。寓話の中では、ツルは浅い皿からスープを飲むことができなかったし、キツネは深い壺の中の実を取り出すことができなかった。生き物の多くは、このように環境や他の生き物との間で特殊な役割を与えられており、簡単にそれを変えることができなくなっている。事実、昆虫の中には特定の植物しか食べない種が多いし、哺乳類の中にもコアラやパンダのような極端な偏食家がいる。

　多様な相互関係の中で、このところ生態学的に注目を集めている関係として、花粉の媒介、種子散布、菌根菌をあげることができる。これらの中には、特に厳格に相手を特定する場合が多いことが知られている。

　昆虫の中には、ハナバチ、ハナアブ、ハナカミキリのように、花の蜜を主な食べ物にしているグループがある。これらの昆虫が花の蜜をもらう代わりに、植物は昆虫に花粉の運搬をしてもらう。そうした植物の多くは送粉昆虫がいなければ実をつけることができない。そのため、これらの植物の花やおしべの形は、送粉昆虫が上に乗ったり、蜜線まで入ったりしやすいようにうまくできている。

　植物の種は、風に飛ばされたり川に流されたりといったいろいろな手段で親元を離れる。親元を離れることで分布を広げ、絶滅の危険性を減らすこともできる。その手段の中に、動物の体を通って運ばれる方法がある。この方法をとる植物の種子は運んでくれる動物にとって格好の餌になっていて、動物はこの種(果実)を食べることで植物の種子の運搬に役立っている。

　マメ科植物と根粒細菌については前に触れたが、菌根をもたない植物も含め多くの植物は、根のまわりに特別の菌類を住まわせ栄養のやりとりなどを行っている。この関係は動物とその腸内細菌の関係に良く似ている。動物が腸の壁を通して栄養分

植物と根につく菌類の関係は、ランとラン菌やアカマツとマツタケなど深い関係のものが多い。☞ p.46

を吸収する際に細菌の助けをかりるのと同じように、植物も細菌の働きによって根からの栄養分の吸収を助けてもらっている。

このような相互依存の関係を含め、生き物の種と種の間には多様な関係が成り立っている。関係が利益になっている場合を＋、害になっている場合を－、利害のない場合を0とすると次の表のようにまとめることができる。

表-3　生き物の相互関係

	＋	0	－
＋	相利共生	偏利共生	捕食寄生
0	偏利共生	中立	偏害共生
－	捕食寄生	偏害共生	競争

共生関係の密なものはパートナーの絶滅によって生存できなくなる。たとえば、蜜源となる植物のひとつが絶滅した結果、重要な花粉媒介昆虫が絶滅し、地域の花の多くが実をつけなくなってしまうことも予想される。☞ p.61

これらの相互関係のうち、相利共生や捕食・寄生に関しては相手を特定する場合が多数知られている。相手を特定することが、地域の群集の種の組合わせを決めてしまう理由のひとつになっている。こうした種間の相互作用のネットワークがあるため、ひとつの種の個体数が激減すると、直接的には関係のない別種の生存が大きく影響されることもある。

競いあい譲りあう関係

このような相互依存関係は、専門的にはすべて共生に含まれる。

共生関係のひとつの形である競争は、普通、同じ場所に生息するもの、同じ食べ物を求めるものどうしの間におこる。食べ物が違ってもねぐらが同じであれば競合し、逆に違った場所から同じところに食物を求めて集まる場合にも競争がおこる。そ

のため、似たものどうしは同じ環境に住むことがむずかしいと考えられる。

けれども、実際には同じ場所に同じ物を求める生き物が共存している場合が多い。それは、まとまりのある環境も、くわしく見るといろいろな違った環境要素から成り立っているからである。

たとえば、地形によって日の当たりかたや湿度が違ってくると、ひとつの区域の中にモザイクのようにいろいろな部分ができる。そのわずかな違いをすみわけることで共存が可能となる。

また、自然災害などによる環境の変化も均一な自然を多様にする。森林で大きな木が倒れると、それまで日陰であったところに日がさしこんで新しい環境条件が現れる。そこでは暗い森では芽を出すことのできない植物が育っていく。

洪水は川の寄州や中州の植物を流し去り、環境条件を最初の状態に戻すはたらきをする。ある種の植物はこうした環境を転々としながら生存している。河原の植物はその代表的なものである。他の植物が入ってきて草地に変わるころには、別の河原に飛んだ種が芽を出す。

ニホンタンポポは、背の高い草が繁茂する時期を避けて春と秋の2回発芽の最盛期を持つ。水生植物の中には何年も泥の中で休眠し、条件の良い時期まで発芽を待つものもいる。こうした発芽時期を分散させることで、いっせいに競争の場へ出てくるのを避けている。このような種が眠っている土壌をシードバンクと呼ぶ。

広い地域であれば、競合する種と出会う確立が低くなる。このことも競争相手との共存を可能にする大きな要因である。

花粉や種子を運んでくれる動物や共生菌など、第三者との関係が直接的な競争をさける原因になっている場合も多い。たとえば、他の生息条件は同じでも送粉や種子散布のしくみが異な

ることで共存が可能となる。

　競争関係にある生物種どうしが同じ捕食者に食べられている場合、競争に強い種、つまり数が多くて目立つ種ほど好んで食べられる場合がある。それによって競争に弱い数の少ない種の生存が保障される。

　一般に、種類数の多い環境ほど、そこにすむ個々の種の絶滅の可能性が低くなると考えられている。その理由を正確に表現するのは簡単ではないが、同じような役割をもつ生き物が複数生息している環境では、ひとつの種が絶滅しても、その役目を他の種が代わってうけもち、生態系全体に絶滅の影響がおよぶことを防いでいると考えることができる。

　種と種の関係は微妙で複雑で、そして密接である。このような、種と種のいろいろな関係をそのまま保てなければ、自然環境を保全したことにはならない。

❷ 通り道を保全する

《 生活史に応じてすみかを変える 》

多くの生き物は成長に伴い、また季節によって、あるいは一日の中で違ったタイプの環境を必要とする。

たとえば、成長につれて生息場所を変える生き物にカエルの仲間がいる。カエルを含む分類群（綱）の名前である両生類は、水陸両生という意味であるが、その名前の通り、卵からオタマジャクシ（幼生）までの間は水中で暮らし、親（成体）になると陸上生活に移る。呼吸の方法も幼生期はえら呼吸、成体は肺呼吸である。完全変態する昆虫も成長していく間にすむ環境を変えている。たとえば、チョウの仲間は幼虫の時代には特定の植物を食べ、成虫になると樹液や花蜜を吸うだけとなる。魚類の中にもサケの仲間のような回遊魚がいて、生涯を通じて広い環境の中を移り住んでいる。

季節によって生息場所を変える代表的な生き物は渡り鳥の仲

> モリアオガエルは池だけが保全されても、森だけが保全されても生きていくことはできない。☞ p.59

写真-14　渡り鳥は毎年必ず帰ってくる

間であろう。たとえば、ツバメは日本では街や人里にすむ鳥であるが、冬がくる前に南国の森林地帯に渡りそこで冬を越す。逆にハクチョウの仲間は北極周辺の湿地帯で繁殖し、冬の寒さを避けて日本まで南下してくる。

　一日の間で違った生息環境を必要とする生き物もいる。哺乳類や鳥類の多くは活動する時間帯が決まっており、休息につかうねぐらと食物をさがす採食地（採餌場）を毎日往復している。花にあつまるハナカミキリの仲間は、種類によって花を訪れる時間帯が決まっている。

　このように、多くの生き物は複数の違ったタイプの環境を必要としている。そして、そのすべてがそろっていてはじめて生きていくことができる。そのため、その生き物の移動能力の範囲内に必要な環境が残らずそろっていなくてはならない。

移動経路

　鳥類や昆虫の多くは空中を飛んで移動することができるため、採食地とねぐらの間に障害物があってもあまり影響はない。けれども、カエルの仲間やカメの仲間のように、地面を歩いて移動する生き物たちは、途中にみぞがあったり、壁があったりするとその先への移動ができなくなってしまう。移動できなければ、その先の環境はないものと同じである。すべてがそろわなければ生きていけない生き物たちは、障害物ができた時点で絶滅への道を進むことになる。

　生き物の自由な移動には別の重要な意味がある。それは、同種の生き物との出会いのチャンスを得るということである。ふだんは孤立して生活する生き物も、繁殖の季節には同種の異性と出会って子孫を作らなくてはならない。子孫ができなければやがてその生き物は絶滅してしまう。

写真-15　ミュンヘンのアウトバーン
（トンネルをくぐらせることで動物の事故を防いでいる）

　群れの中の遺伝的多様性 ― 人間で言う個性に近い ― が低下すると、繁殖力などが低下し絶滅の危険性が高くなる生き物がいることが知られている。それを防ぐためには、隣り合った別の群れの個体との間での交流が必要となる。そのためには個々の群れが孤立しないように、群れと群れの間の自由な移動が可能でなければならない。

　ただし、不用意に人為的な移動経路をつけることによって、外来の生き物が侵入しやすくなり、新しい捕食者に食べられたり、これまで出会ったことのない病虫害にさらされる危険性も出てくる。

　複数の違ったタイプの環境が接する部分に見られる、環境が少しずつ変わっていく場所はエコトーンと呼ばれる。それらの環境を行き来する生き物にとっては、エコトーンは重要な移動経路である。また、それぞれの環境に分かれてすむ生き物が、エコトーンの部分で相互に関係している場合もある。森林にすむ猛禽類が草地でキジをつかまえたり、水辺で魚を捕ったりす

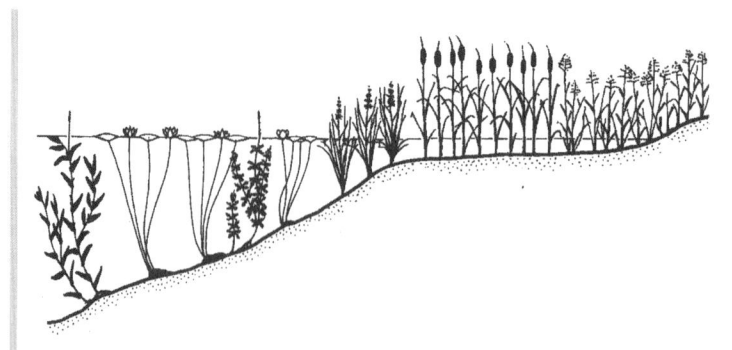

図-11 環境が緩やかに変化しているため微妙に違った環境が生まれる
「Seen, Teiche, Tümpel und andere Stillgewässer」(Weitbrecht, 1993) より作図

遠洋で暮らす海水魚の中にも、海岸を産卵場所として年一回必ず戻ってくるものがいる。稚魚の多くは遠洋では生きていくことができないからだ。☞ p.60

るのはそうした関係のひとつと言える。水中にすむ生き物の場合、親は流れの早い場所で暮らしていても、卵は流れのゆるやかな水辺に産み付ける場合が多い。こういったエコトーンは、移動経路として以上の役割をもっている。

広い森林地帯は、地域に残された小さな森に生き物を供給する源となっていることがある。新しい自然公園を作り出したときにも、広い森林から生き物が移住してやがて定着していく。残された小さな森にすむある種の生き物が絶滅してしまっても、供給源がしっかりしていれば、再び元の状態に戻ることができる。しかし、距離が遠かったり、移動が妨げられていたりすると元に戻ることはむずかしい。

このように、自由な移動ができることは生き物の生存にとって重要な要素である。移動が妨げられるようなことがあるなら、自然環境が保全されたことにはならない。

❸ 分布の歴史を保全する

《 分布の拡大 》

　最初の生き物はどこで生まれたのだろうか。はっきりとしたことは分かっていないが、地球の各地で別々に生まれたわけではなさそうだ。では、最初の人間はどこで生まれたのだろうか。現在の研究では、アフリカの中央部でわたしたちの祖先が誕生したと考えられている。最初の祖先が生まれた場所があるということは、どの動物植物にもあてはまることである。それが、長い年月をかけて移動し分布を広げて現在に至っている。

　現在、動物園に行くとキリンやカンガルーあるいはホッキョクグマなどのさまざまな地域の生き物を同時に見ることができる。しかし、実際にはある地域にすむ生き物の組合わせは決まっている。動物園では隣りあっているヒョウとジャガーを同じ場所で見ることはできないのである。広い分布域をもつものがいる反面、限られた地域でしか見られない種がいるのである。なぜこのような地域による違いがうまれたのだろうか。

　生き物は生存をかけて、言い換えると絶滅の可能性を減らすために生息域を広げる。植物は種を遠くへ飛ばすことにより分布を広げ、動物は長旅を敢行することにより分布を広げる。たどり着いた先で定着し、そしてさらに遠くへ領土を広げる。違った地域に分かれたあるものは、長い旅の末に別々の種に分かれた。

　分布域を拡大する旅の途中に地理的な障壁があると、陸地を歩く生き物の分布の拡大はそこで止まる。しかし、羽の生えた生き物は谷を越えてさらに遠くに移りすむことができる。寒さに強い生き物は北に南に分布を広げることができるが、寒さに弱い生き物は暖かい地方にとどまる。けれども、地球の温暖化が進むと、それに乗じて生息域を広げることができる。

> 世界各地の生物相の違いを元に、動物地理区、植物地理区が考えられている。

第4章　自然の何を保全するのか

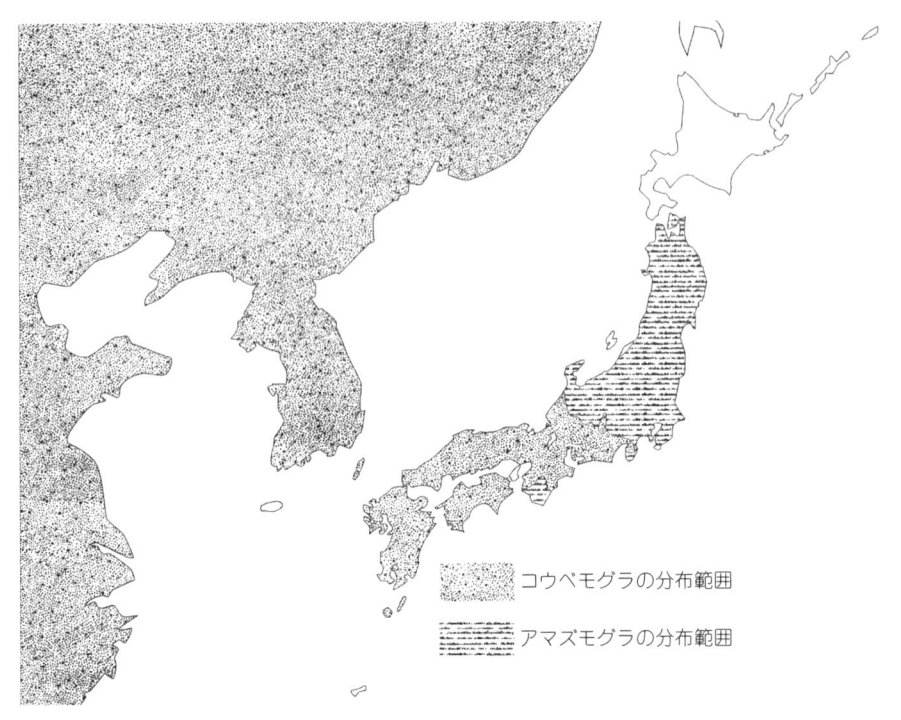

　　　　　　　　　コウベモグラの分布範囲
　　　　　　　　　アズマモグラの分布範囲

図-12　先に日本に定着したアズマモグラを、後から入ってきたコウベモグラが追い払いつつ北上している　「日本の哺乳類」（東海大学出版会、1994）より

　氷河期には海の水面が下がり大陸と大陸が陸続きになった。その部分が橋となって分布の拡大を助けた。逆に間氷期にはその連絡が途絶え、同種であった生き物を地理的に隔離してしまった。大規模な洪水や、火山の噴火が生き物の移動を左右したこともあったであろう。

　生き物の分布の拡大は、前からすでにその場にすんでいた別種の生き物にとっては新たな相互関係を結ぶ機会となる。それがどの種類の関係なのか（寄生か、競争か、捕食か）によって、その後のこれらの種の運命は変わってくる。侵入してきた種がより強い競争種であった場合、先にすんでいた種は駆逐され、分布域を縮小し、最悪の場合その地域から絶滅する。

種間の相互関係には様々な様式がある。☞ p.74

このような、語り尽くせないほどの長い物語の末に生き物の分布域の違いが生まれる。現在の片寄った生き物の分布地図はこうしてできあがったのである。

郷土種

その地域に昔からすんでいた生き物の種は、親しみをこめて〈郷土種〉と呼ばれる。"昔から"がどの程度の昔なのかについては分類群によって多少の違いはあるが、ここでは深く踏み込まない。ただ、セイタカアワダチソウやオオクチバスのような近い時代の帰化生物で在来の生き物を駆逐するような問題を起こしているものは論外であるが、中世以前の古い時代に移りすんだ帰化生物の場合、その土地の環境にうまく居場所を見つけていれば郷土種と考えてもよいだろう。

〈郷土種〉の定義はまちまちで、学問上の決まりはまだない。そのため、郷土種を利用した植栽事業に使う苗は、その地方に生息する種と同じ種であれば、よその地域で育ったものでもよいとする人もある。しかし、遺伝的な多様性の保全を考慮すると、その地域に生息しているものをさすのが普通である。同じ種類であっても、遠方に分布していて、その地域の個体と交配しないグループは〈郷土種〉に含めない。このような地域グループのことを専門的には地域個体群と呼び、同じ種であっても遺伝的な特徴が個体群によって違っていると考えられている。

人間でもかぜをひきやすい人や、アレルギーの出やすい人がいる。これは、個人によって病気に対する耐性にばらつきがあるからである。野生の生き物にも人間の個性にあたるような遺伝的なばらつきがあり、特定の環境変化による全滅の危険性を減らす重要な要因となっている。こうした遺伝的なばらつきには、地域グループごとにある程度のまとまりがある。人間で言

う民族の違いに似ている。地域個体群とはおおよそこのようなものである。

　現在、各地で地域版のレッドデータブックが作成されている。それは、地域個体群のレベルで保全することが種の多様性の保全であると考えられているからである。"種"を保存すればよい、という考え方だと、極端な話、日本のどこかに小さな個体群がかろうじて残っているだけでも種が保存されたことになる。この場合、過去に生息していた日本の各地のそれぞれ独自性をもった個体群の重要性が軽視されてしまう。

　生き物の役割は、それぞれの地域で果たされているものであるから、地域ごとに種の保存をしなくては意味がない。他のどこかに同じ種が、つまり別の個体群が生きていれば、それを連れてきて定着させることはできるが、遺伝的な特性が違っていてそこの環境に適応できない場合もある。

　地球規模でみて、生物多様性が実現しているのは、地域ごとに違った生き物がすんでいるからである。郷土の生き物をその場所で守っていくことが本当の種の保存を実現する方法である。

> 個体群にはくくりかたでいくつかの階層が考えられるが、遺伝子の交流の可能な最大の範囲をメタ個体群という。メタ個体群どうしは同種であっても遺伝子の交流はなく、それぞれの独自性が維持されていると考える。

❹ 保全目標の考え方

《 保護区域の形や配置に関する一般的な原則 》

　生態学やそれに基礎を置く自然環境の保全は、実は簡単に説明できない部分がある。明らかにされていないことも多い。それを本書では、特に重要で、かつ見過ごされていることとして3点にしぼって説明した。ひとことで言うと、共生関係を保全する、自由な移動を保全する、本来の生息場所で保全する、の3点である。

　現在の自然環境保全事業で、これらの要素は十分に意識されているだろうか。自然環境の保全を唱えながら、野外養殖場や野外見本園の設置になってはいないだろうか。ひとつの種を保全しようとするとき、その種との関わりの深い別の種にもしっかりと気を配っているだろうか。その種が一生の間で必要とするすべての環境がそろっているだろうか。その種の本来の移動手段や移動経路は確保されているだろうか。その種や一緒にいる種は、昔からその土地にすんでいたものだろうか。

　もちろん、これが配慮すべき事項のすべてではないが、こうした基本的な考え方が、実際の保全事業に反映されてはじめて、自然環境の保全が実現する。

　しかし、実際の事業において、生態学の教科書に書いてあることのすべてに気をまわして計画することは不可能に近い。手元にある情報が少なかったり、完全な情報を得ることが現実的にできない場合も多い。そのような場合には、次のようなことに注意すると、より効果的な自然環境の保全をすることができるという原則が提案されており、実際に応用されている。

① 保全するひとつの区域の面積はできるだけ広い方がよい。

　　面積が広いほど同種の生き物はより大勢ですむことができる。個体数が多くなると種内の多様性は大きくなる。同時に、種類数も多くなり種と種の相互関係をより確実なものにすることができる。区域の奥深くでは、外部からの影響に敏感な種が安心して暮らすことができるようになる。

② 保全区域の形状は円に近い形で確保することが望ましい。

　　円に近い形にすると、区域の内部に外部からの影響を受けにくい奥深い場所がより多くでき、面積を広げた場合と同じような効果が得られる。しかし逆に、輪郭の長さが短くなるので区域外の環境との相互作用や生き物の出入は減少する。両立させるためには、核心部分では円に近い形を確保しながらも、突起した部分を設けて輪郭の長さを伸ばす工夫をすればよい。なお、輪郭の部分はゆるやかに環境を変化させたエコトーンにするのが望ましい。

③ 地域内に散らばる保全区域の数は多い方がよい。

　　別々の区域に同種の生き物が分散することで、ひとつの区域で突発的な絶滅が起こっても、地域のその種全体としては生き残ることができる。それぞれの区域が違ったタイプの環境として確保されれば、それぞれの環境に適応したより多くの種が生息でき、地域全体の種の多様性は向上する。

④ 保全区域とすべき場所の選定はその区域固有の特性で評価する。

　　ある地域の中で残すべき区域を選ぶ場合には、個々の区域の固有の特性によって評価しなくてはならない。たとえば、希少な生き物が残されている場所や、複雑な地形を保っている場所などを優先的に保全区域とすべきであろう。

⑤ 地域全体における保全区域の配置は動物などの移動を考慮する。

　　その場所固有の価値評価と同時に、より広い地域全体の中で担っている役割も評価の対象となる。たとえば、移動経路

にあたる場所は優先的に保全区域とすべきであろう。すでに移動経路が確保されている地域では、新しい区域はそれを補完するような近い場所に確保するのがよいか、第2の経路として離れた場所に確保するのがよいかは、個別に判断しなくてはならない。

なお、広い自動車道などを横切る方向の移動経路は、動物が車にひかれる危険性が出てくるため、道路を直接渡らずに横切ることのできる工夫が必要となる。

> 自由な移動の妨害は絶滅の原因になる。 ☞ p.77

これらの一般原則にもとづいて計画すれば、十分な情報が得られない場合にもある程度効果的な保全を進めることができる。

《 種に注目した保全目標 》

自然環境は複雑で、また、ひとつの場所に共存している生き物の種類数は膨大なため、そうした環境をそのまま保つのに、すべての種の生態に配慮することは不可能に近い。そこで、その環境のある側面を代表する種をいくつか選び、その種の生息状況を見て自然環境全体の状態を判断したり、管理手法を計画したりするのがより現実的な方法である。

こうした考え方で選ばれる種を保全対象種と呼ぶが、一般に、次のような種が保全対象種として検討される。

① 生態学的指標種

その環境タイプを代表する種のことである。鳥類でいうと、針葉樹林を指標するキクイタダキ、渓流を指標するミソサザイがそれにあたる。その種の生息環境に注目した保全対策を実行することによって、同じ環境にすむ他の多くの生き物の保全を実現することが期待できる。

写真-16 タカの仲間は広い面積が確保されなければ生きていけないものが多い（オジロワシの幼鳥）

② キーストーン種

　その群集の種間相互作用のかなめをなしていると考えられる種のこと。この種が絶滅すると、それが属していた生態系のバランスが根底から崩れるような重要な地位にある種のことである。実際に、どの種がこれにあたるのかを判定するのはむずかしい。草地を保っている草食の哺乳類や、花粉媒介者としてのハナバチの仲間がこれに該当すると考えられる。

③ アンブレラ種

　広い面積を要求する種のことである。その種の生存を維持しようとすると広い面積が確保される。猛禽類（ワシやタカの仲間）や大型の哺乳類がこれにあたる。

④ 象徴種

　目立つ種、スターのことである。生態学的な価値もあわせ持つとは限らないが、人々の関心を集めることができ、保全事業を進めるときの社会的な合意を得るのに利用することができる。ホタルや姿の美しい鳥類がよく利用される。

⑤ 特化種

　ある特別な環境でなければ生きられない種のこと。もともと少ない環境資源にたよっている種の場合、個体数も少ない。比較的個体数が多い種であってもその特殊な環境が失われると急速に個体数を減少させる。適応できる条件の範囲が極度に狭いため、その種を維持することができると、より適応条件のゆるい種も同時に維持することができる。

⑥ 地域特産種

　分布の限られた種、地域固有種などのことである。南限や北限といった特殊な分布域にあたる地域は、その種の分布拡大や後退の最前線である。そういったユニークな種を保全することで地域全体の種の多様性を維持することができる。

　このような特定の種を保全の対象とする場合、その種の習性などを十分に知らなくては保全できないことは言うまでもない。

　たとえば、数の少ないランの仲間を保全するには、生育している場所の狭い範囲での環境の特徴をしっかりと把握しなければならない。種類によっては、土壌の湿度や明るさの微妙な違いによって芽生えることのできる場所を選んでいることも考えられる。

　猛禽の場合は逆に狭い環境ではなく、広い範囲の生息条件に注目しなくてはならない。ひとつの営巣場所を保存することよりも、むしろ地域全体に十分な営巣可能場所を確保する方が効果的な場合が多い。

　多様な環境を含む保全区域を考えるのであれば、違った環境を好む複数の種を保全目標にするとよい。たとえば、ハイタカの生息を考慮した森林づくりと、カワガラスのすむ水辺の保全を同時に考えることで、カジカガエルの生息環境が実現することにつながる。

さて、ここでは種という用語で書き進めてきたが、実際には前に述べた地域個体群という種の中の地域グループが実際の保全の対象となる。

少し専門的な話になるが、個体群は、その内部では遺伝的多様性—つまり個体間のばらつき—を確保し、ひとつの個体群とそれとの交流のない、別の個体群とは隔離した状態—つまり個体群間のばらつき—を保つことが遺伝的多様性を高めることになる。このことはあたりまえのように思えるが、前者(個体群内)は自由な交配を進めることであるのに対し、後者(個体群間)は自由な交配を禁止することである。

> メタ個体群内部では近親交配を減らし、ヘテロ接合度を上げるための交流は必要だが、メタ個体群の間では地域の独自性を維持することが重要である。
> ☞ p.78, 83

保全目標に応じた管理手法

過去の自然環境保全事業においては、人の手を入れない方が自然であるとか、管理してこそ自然環境は維持されるといった、手法の違いによる意見の対立があった。実際には、これらの管理手法は保全の目標に応じて意識して選ばなくてはならない。

① 人手を加えず自然の変化にゆだねる保全手法

人の手をまったく加えないで、自然の変化にまかせてしまう手法である。この場合、山火事によって森林が燃えてしまったり、乾燥化によって池が干上がってしまうような大きな変化も放置される。原生的自然環境をまもる場合に採用される手法である。

> この手法は一般に保護(protection)と呼ばれているものにあたる。

原生的自然環境は、非常に長い期間、人の手が入らない状態でほぼ安定して維持されてきたものだと考えられているし、山火事や巨木の倒木のような、環境の大きな変化もその状態を保つ、あるいは定期的に若返りをさせるのに必要であったと考えられている。

❹ 保全目標の考え方

予算や人員が不足で、やむなく人手を入れることのできない場合もあるが、ここでいう自然の変化にゆだねるというのは、意図的にすることであって、その意図がよい方法であったのかは、その後も継続して観察しなくてはならない。

② 特定の環境タイプをそのまま維持する保全手法

前の手法とは違って、自然の変化を止めた状態で維持する手法である。特に、決まったタイプの環境にしかすまない生き物をまもるときや、そのタイプの環境そのものが少なくなってしまったときに行なう。この場合は、それを維持していくため、湖沼であれば溜まった泥をかきだし、草原であれば草刈りを行なうといった管理を、決められたスケジュールに沿って続けなくてはならない。

> 環境タイプを維持する手法は一般に保存(preservation)と呼ばれる。また、人間の生産活動を続けることで維持される場合は保全(conservation)と呼ばれる。
> ☞ p.93

今の自然の状態を保ちつつ、利用を続ける農林漁業の手法もこれに近いと考えられる。日本の伝統的な水田耕作や薪炭林管理が、そこにすむ生き物の生息環境を保ってきたことは最近高く評価されてきている。

ただし、実際の管理の手法には、完全に人間の管理下に置くものから、全く放置するものまでの間にさまざまな段階があるので、簡単に分けることはできない。

③ 環境の状態あるいはタイプを意図的に変える保全手法

> この手法は一般に自然環境の復元(restoration)と呼ばれる。

人の影響が強すぎたり、逆にそれまで入っていた管理の手が止んだりすると、自然環境は好ましくない方向に変わっていくことがある。たとえば、池や湖が土砂で埋まったり、人工林が過密になったりといったことである。あるいは、周囲の状態が変わりすぎて、今の環境タイプを維持することに意味がなくなってしまう場合がある。このような場合、より豊かな環境にするため、木の種類を積極的に転換するといった

方法を実施し、生き物の個体数や種数を増やすことができる。

過去に大きな改変が行われ、本来あるべき自然とかけ離れた状況になってしまった自然環境を適切な環境に変えるのもこれにあたる。この場合、最終目標の設定に、ある程度の幅が考えられるが、周囲の自然環境の中での役割（移動経路か繁殖地か）や、社会的な利用目標を総合的に評価して決められる。

自然環境の復元をする場合に、「いつ頃の自然に戻せばよいのか」といった議論をしばしば耳にする。つまり、過去のどれかの時代に出現していたこの地域の環境をモデルとしてマネすることで良好な環境を作りたい、という考え方である。けれども、いまある条件の中で実現できる環境が限られている場合がある。現在の周囲の自然環境を十分に把握した上で、あらためて考える問題である。

④ 自然のないところに自然を創り出す保全手法

自然環境が全く失われてしまった場合に行われる、環境を創造する手法。日本で行なわれているビオトープ事業の多くは、このタイプにあたる。目標とする環境タイプについては恣意的に行われる場合もあるが、より広い地域の中での役割や、その周囲の現状によってある範囲に落ち着くはずである。

英国における自然環境の再生事業にあたるハビタットクリエーションでは、創設される環境の目標を下記表の4つに分けている。

> この手法は再生（rehabilitation）や創出（creation）と呼ばれている。

イギリスのハビタットクリエーションの種類	
Natural colonization	基盤だけを準備し、自然に動植物が移入するのを待つ手法
Framework habitats	工学的な工夫により自然を再現する手法
Designer habitats	人為的に作り込む手法、伝統的庭園（英国式庭園や日本庭園）がこれに近い
Political habitats	環境教育などの利用を主な目的にする手法、理科教材園のようなタイプ

(O.L. Gilbert, P. Anderson「Habitat Creation and Repair」OXFORD 1998より)

保全と利用の折りあいをつける

どのような事業でも、自然環境はできるだけ保全しつつ行なうというのが昨今の状勢である。しかし、実際には人の利用との間でなんらかの折り合いをつけなくてはならないのが実状である。その折り合いの付け方が、人の利用に傾きすぎていると社会的な批判を受けることになる。

折り合いの付け方として、次のような考え方がこれまで提案されてきた。

① ワイズユース

自然環境保全の方向性を検討する場合、日本のような土地利用がつまっている国では、人間の利用との共存を考えることが大きな課題となる。

「自然度」の考え方(環境庁)は、人の手の入らない原生自然と完全な人工環境との間を、人の影響の度合いに応じて10種類に分類したものである。専門外の人に対しては、この自然度の高い環境がよい自然、優先して守るべき自然であるとの印象を与えるが、原生自然の保存だけでは生物の多様性を維持できない。人の影響を受けている自然にも、原生林に劣らない意味があると考えなくてはならない。極端な例かもしれないが、民家の軒下を営巣場所に選んだツバメのように、人の生活がその生存を保障している種も決して少なくない。

水田や薪炭林は、縄文時代以来の海進、温暖化によって、それまでの生息環境を追われた北方系の生き物が避難した環境であると考えられている。従って、環境保全的な手法による水田や雑木林の保全は、生き残った縄文種の保存のために重要な役割をはたすものとなっている。

これら縄文時代の生き物の中には、もともと河川の氾濫原

植生自然度の考え方は1973年自然環境基礎調査のときに使われた指標で、10段階にランク分けされている。

植生自然度区分の概要

9・10	自然草原 自然林 自然裸地
7・8	二次林 竹林
6	植林地
4・5	二次草原
2・3	農耕地 樹園地
1	市街地 造成地

写真-17　水田に住むことで生き残ってきた生き物も多い

を生息地とする水生生物がいて、水田が続けられることによって生息環境を得てきたと考えられる。また、水田やため池を生息地とする生物は、水田耕作のスケジュールと同調する生活史を持っているものが多いことも報告されている。水田耕作やため池の泥あげによる定期的な撹乱は、後背湿地での洪水にもよく似ている。こういった人為的な管理が、生物の生息を維持してきたと考えられている。

　同じように、気候の変化によって落葉樹が照葉樹におきかわっていった時期、薪炭林や焼き畑は、その変化についていけない生き物の残された生息場所であったと考えられている。定期的に利用することでその環境が維持され、照葉樹林帯の中に落葉樹が残され、古い植物とそれに依存する昆虫などが絶滅せずに残されてきた。

　人間のこうした生産活動や文化によって保全されてきた自然も、原生的自然と同じように、いまの地域の生態系の要素として重要である。人間の積極的な働きかけが、生き物の種を維持するのに貢献しているというひとつのモデルになりう

る。すべてにこの考えが適用できるわけではないが、野生生物との共存を考える上で参考になる。

　ここでひとつ注意しなくてはならないことは、ワイズユースの発想が、利用と保全の中間をとったものであってはならないということである。つまり、開発も必要だが自然環境保全も重要である、となればその中間あたりでどうだろうか、という判断から出ているのであれば問題である。

　あくまでも慎重に自然の生産量を把握し、自然の循環のしくみを理解した上で、自然の循環を損なわない利用が本当に可能か、生き物の種数や個体数を減らさない利用が本当に可能かどうかを判断しなくてはならない。もし、人間の利用により自然の蓄積が少しづつでも損なわれるようであれば、ワイズユースは放棄しなくてはならない。

② ミチゲーション

　限られた土地で自然環境を保全しながら人の利用空間を確保するとなると、どうしても競合する部分が生じる。そして、最終的にはどれかひとつを選択しなくてはならない場合も出てくる。

　そういった場合には、ミチゲーションの考え方によって判断することができる。ミチゲーションとはやわらげるという意味のことばで、アメリカで導入された開発の影響を最小化する概念である。その手法には下記の通りいくつかのレベルがある。

表-4　ミチゲーションの種類

回　避	開発を中止する、または計画予定地を変更する。
最小化	開発規模を制限する。
代　償	代替地での環境整備を行なう。

（アメリカの環境基本法NEPAによる手続き）

この場合、どの手法を選択するのかは、現在の自然環境のレベルを下げないで事業が実施できるかどうかを基準とする。開発計画を重要な生息地からはずした上で、規模を縮小し、さらに代替地での環境復元を行い、その総計が、少なくとも事業実施前の自然環境と同じレベルであることが求められる。それができなければ開発の許可が下りない。こうした考え方をノーネットロス(損失がないという意味)と呼ぶ。

　事業者が代替地の適地を探す手間を軽減するため「ミチゲーション・バンキング制度」があり、必要な土地面積に相当する土地代金を支払い、第三者が用地確保などを行なう。

　ドイツの連邦自然保護法でも同様に、回避・補償・代替の3種の手法によって自然環境の損失を出さないための制度が規定されている。ここでは、失われる環境の重要度に応じて、補償あるいは代替される土地の面積には係数がかけられる。

　自然環境の重要性が十分に理解されていない現在、こうした方法は安易に開発を許す、いわゆる免罪符的なはたらきをする場合があるという指摘がある。人間社会の要求をすべてしりぞけるわけにはいかない以上、どうしてもある程度の自然環境の損失は避けられないが、一方で保全される自然環境の総量と質を低下させないための最大限の努力もなされるべきであろう。

③ 小規模ビオトープ

　学校や都市公園、川や池の水辺などで小規模の自然環境を作り出す事業が盛んに行われている。このような作り出された環境をビオトープと呼ぶことが一般に定着してきている。

　本書では、ビオトープという言葉をより広い意味で使っているが、小規模のビオトープの意義を否定するものではない。問題があるとすると、個々の小規模ビオトープがそこで完結

してしまっている場合であると考える。

　地域全体の自然環境のレベルを高めようとするとき、個々の緑地は、従来通りの街路樹やポケットパークでもよい。もちろん、それが最良だということではないが、個々の部品の中で最大限の自然環境創出を追求することはとりあえず置いておいてもよいのである。大切なのは、それらの配置であり、ネットワーク化である。つないだ経路が多少貧弱であっても、要所要所にねぐらや採餌場、繁殖地が配置されていれば、地域全体で十分機能するビオトープになるのである。

　小規模ビオトープをつくるとき、中の充実度ばかりに努力を集中するのではなく、地域の中での役割をはっきりと認識するのであれば、自然環境保全に対して大きな役割を果たすことができる。

> 複数のビオトープが密接に関係しながらまとまったものをビオシステムと呼ぶこともある。本書では小から大までビオトープと呼んでいる。

第5章 ビオトープ計画

❶ 土地利用と自然環境の保全

《 断片化されていた土地利用 》

　　　自然環境を保全することが必要なことであるという考え方は、多くの人の共感を呼ぶようになってきた。新聞記事などでも、自然環境の保全を重要視する主張をよく目にする。感覚的には、自然環境の保全は誰もが重要なことであると認めるようになってきた。

　　　ところが、実際に自然環境がいじられる現場では今でも"開発か自然保護か"で論争が起きている。そして、その論争の結果は必ずしも自然保護の側の主張が通るということにはなっていない。重要だからといっても、それが実現できない何らかの事情は常につきまとうだろう。けれども、事情があるのはどの現場でも同じではないだろうか。それぞれの事情が自然環境の保全に優先するとすれば、自然環境保全の理念とはいったいなんなのだろうか。

　　　自然環境の保全は理念だけで実現するものではない。実際に自然環境が保全されるかどうかは、広い意味での土地利用にかかっている。その土地が個人のもちものであろうと、国のもちものであろうと関係なく、地域の自然環境の中でなくなってはならない大切な場所であれば、優先的に利用が規制されるという制度的な保障がなければ理念は実現しない。

この章では、土地の利用とそれに関係する社会的な決まりや考え方について少しふみこんで考えてみようと思う。実際の決まりについては、巻末で日本の土地利用に関係する法律や制度をざっとみわたした。煩雑になるの避けるため、本文ではひとつひとつの法律についての説明は省いているので、後で参考にしてもらいたい。

さて、それでは現在の土地利用はどのような考え方で計画されているのだろうか。

市街地周辺については都市計画の考え方が優先されている。都市計画は、住宅、オフィス、商店といった都市的な要素をコンパクトにまとめ、効率よく配置することを目的としている。その中には都市公園や緑地がやすらぎを与える空間として位置づけられてはいるが、自然環境の保全といった視点で配置できるような制度にはなっていない。

農業地域では、より生産力のある農業を進めるための事業が実施される。そこでは、農地法や農業地域振興法などにもとづき農地の改廃が抑制されているが、生産力のある農業手法は必ずしも持続的な農業方法ではなく、やりかた次第では自然環境の悪化につながっている場合もある。

森林地帯では、森林法による保安林制度や、自然公園法と自然環境保全法による地域指定が森林の保全に重要な役割を果たしている。しかし、これらの法律で保全される地域のすぐ外や、規制のゆるい指定地域にまで開発の影響が及んでいる様子は、地域指定制度に限界があることを物語っている。林業振興のために大規模な林道が建設され、自然環境を大きく荒廃させてしまうことも問題となっている。

日本の高度経済成長の時代に自然環境の荒廃を進めてきたのは、国家プロジェクトでもある海岸の埋立や交通網の整備である。これらが日本の発展に大きな役割を果たしてきたのは事実

であるが、環境汚染や環境破壊が避けられなかったことであったのかどうかが、いま、問われはじめている。

このように、これまでの土地利用には自然環境保全の考え方がはっきりとは組み込まれていなかった。それを変えなければ、いくら自然環境保全の理念が広まっても具体的な保全を実行することはできない。

こういった土地利用の問題は、地域のありかたにもかかわる問題である。地域が人の暮らしの場であるにもかかわらず、いままでの土地利用制度には、それを維持するための考え方が反映されずにたくさんの問題を残してきた。地域が暮らしの場として適切な環境を維持するには、いままでの都市計画も農村計画も、経済的発展の側面が重んじられ過ぎている。

持続可能な社会の場

人の暮らしにとって何が必要な条件なのかについては別の機会にゆずり、ここでは、自然環境の保全を具体的に実現するには、どのような土地利用の考え方が必要なのかに話題を絞ろう。

これまで、都市計画も農村計画も大規模な開発も、それぞれの分野の中の問題だけを対象に考えられてきた。同じひとつの地域内 ── たとえば、ひとつの川の流域のような地形的にまとまりのある地域 ── のことであっても、都市は都市の論理で計画され、農村は農村の論理で計画されてきた。これと同じように、自然環境の保全は、自然環境保全のために特別にとっておかれた地域 ── たとえば人間がほとんど利用しない山奥とか ── だけで実施される特別な事業であった。自然環境保全地域で自然環境を保全するのはあたりまえのことである。でも、それでは地域の生態系は保全できないのである。

今、地域を代表する身近な普通の自然が各地で少なくなって

きていることに、多くの人々が気づき始めた。自然環境の保全が自然環境保全のための地域でのみ考えればよいことではなく、都市であろうと農村であろうと関係なく、あらゆる地域で考えなければ本当の意味で自然はまもれないことが分かってきた。

　ということは、つまり、自然環境の保全は都市の課題でもあり、農村の課題でもあり、あらゆる地域の共通の課題であるという意味である。すべての地域で、その地域にふさわしい自然を残していかなくてはならないということである。

　土地は、売ったり買ったりできるという意味ではひとつの商品であると考えることができるが、他の商品とはまったく違う特徴をもっている。土地は移動させることができないし、増やすこともできない。変化はするけれど、人間の寿命をはるかに超えてそこに存在し続けるものである。しかし、永久的に利用できるかと思えば、実はそうではなく、良好な環境を保つとか、食糧を作るといった土地のはたらきも、利用のしかたをまちがえると半永久的に失われてしまうこともある。そしていま、実際に土地はそうなりかけている。持続可能な社会の場である土地そのものが、人間のまちがった使い方によって持続不可能な場にされようとしている。

　古い経済学の考え方に"神の手"というものがある。これは、自由で利己的な経済活動が資源の適切な配分を促し、結果としていちばんよい状態を作ってくれるというものである。個人の欲求が見えない力によって調整され、よい結果をもたらすことをたとえたものであろう。

　しかし、実態はまったく違っている。理論的にどう解釈しようとも、自由な経済活動は有限な資源を誰がいちばん速く使いつくすかの競争を促し、結果として誰もが不利益をこうむる状態をつくってしまった。専門外だからといって、経済学そのものがまちがった理屈に支配されていると断言するのに躊躇する

理由は何もないように思う。

　土地の利用も同じである、限られた観光客を取り合ってどこもかしこも保安林を解除してしまったリゾート開発競争が、適切な資源の配分ではないことは明らかである。

　話題が分散してしまったので元に戻そう。持続可能な社会を実現するということは、利用可能な限られた土地を必要とされる用途に適正に配分し、どうすればそれを永続的に利用していくことができるかを考えることである。それは、地域の土地の計画的な利用であり、地域の土地利用における自然環境の意識的な確保である。

　本書では、はじめに資源や廃棄物に関する根本的な考え方を紹介した。その分野のプロである工学者や技術者も最近は、生態系を尊重しなくてはならないと口をそろえて言っている。この場合の生態系も理念としての生態系ではなく、具体的な"ふるさとの山や川"でなくてはならない。

《 土地の分類の考え方 》

　土地利用が断片的でばらばらなのは、土地利用基本計画で最初に切り分けられているからである。その背景にはいつも話題にのぼる省庁の縦割りがある。

土地利用基本計画以外にも国土の区分に関してはいくつかの考え方がある。☞ p.142

　土地利用基本計画では、都市地域、農業地域、森林地域、自然公園地域、自然環境保全地域の5つに日本の全体が分割されている。このように分けられた上で、それぞれの地域に対する土地利用の法律が、あるいは担当する部局が割り当てられている。当然、自然環境の保全が重要な目的とされているのは自然環境保全地域だけで、他の地域では自然環境の保全が需要な項目にはあげられていない。身近な自然がどんどんなくなっているのはこのためである。

自然環境の保全を土地利用に反映させるには、人間の利用状況による区分の上に、生態学的な環境タイプによる区分を重ね合わせる方法が考えられる。学問的には、目的に応じて細かな環境タイプの分類項目が設定されるが、大まかには次のようなタイプでくくることができる。

① 草や低木でおおわれた様々な緑地
② 湖や池などの止水性の(＝流れていない)水域
③ 乾燥地
④ 深い森林
⑤ 河川などの流水性の(＝流れている)水域
⑥ 海域
⑦ 都市や集落などの人間の居住地域

これらの環境タイプごとに、自然の保全のしかた、残しかたが違ってくる。

生き物の種の多様性の保全、といったはっきりとした目的を組み込むことが必要だとしたら、地域ごとの種の組合わせの違いに注目することも大切である。たとえば、北海道では北海道固有の動植物、沖縄では沖縄固有の動植物を意識するということである。

環境庁では、このような地域による生き物の違いに注目した国土の分類を試みている。これまでになかった考え方であり、それぞれの地域を代表する身近な自然を残すために、何らかの制度が取り入れられることが期待される。

ドイツでは、地域を代表する身近な自然や、自然環境を保全する上で重要な場所を地図に書き入れ、土地利用の際に考慮しなくてはならない制度をもうけているところがある。こうしてつくられた地図をビオトープ地図と呼び、この地図の中ではそれぞれの場所がビオトープタイプ別に色分けされている。ここでいうビオトープタイプとは、ここにあげた7種の環境タイプ

> 生物相に注目するのであれば、実際の地理的区分は分類群ごとに違っているし、より狭い範囲での特異性もあるためすべての分類群に通用する区分は簡単ではない。☞ p.141

をさらに細かく区分したものと考えるとよい。

　生態学的にひとくくりにできる地域の範囲をはっきりと描くことは簡単ではない。独立して立っている山なら、その頂上からすそ野までがひとくくりと考えられるし、大きな川にはさまれた広い平地もひとくくりと考えてよい場合があるだろう。日本では、中規模の川の集水域（流域）をひとくくりと考えるとわかりやすい場合が多い。山の稜線を境界線として、その内側全体が生態系としてひとつのものとみなす考え方である。北米から始まった生物地域主義の実践でも、集水域はひとつの生物地域の定型的な例だと考えられている。

　この地域は、上流に人の住まない森林地帯を抱え、農山村を通って下流の都市につながるという典型的なパターンを示す。上流の森林が下流の都市の水源として保全されている場合も多く、同じ流域に属している市町村が協力し合う関係が作りやすい。

　そこで、ここからは下流の都市と上流の農山村の組合わせを典型的なパターンと考え、それぞれの土地利用に自然環境保全の考え方を取り入れる可能性を考えてみたい。

❷ 都市におけるビオトープの保全

《 都市が抱える環境問題 》

　自然環境の少ない都市では、以前から緑地などを増やしてほしいという市民の声が大きかったが、最近ではそれが実現され、都市公園や都市河川（水路）が自然とふれあえる場になっているところも多くなってきた。都市に自然をとり戻したいと願う市民の声は、確実にひとつの流れになっている。

　近年の都市は、人間の経済活動を効率よく行うために作られた特殊な場所である。そこでは土地は目一杯使われていて、経済活動をやりやすくするための交通機関など、いろいろな仕掛けがなされている。そのため、これまで経済的な価値が低いと思われていた自然環境は、都市の中ではお飾り程度のものにすぎなかった。このような都市環境に対して、潤いがなく、安らげる場所が足りないということは以前から言われていた。しかし、それでも都市には、潤いや安らぎが十分残されている地域

写真-18　都市の中にも潤いのある場所が増えてきた

表-5 都市の利点

就業機会が多い。
個人の多様性が受容される。
交通システムが充実している。
他人に無関心でプライバシーが保たれる。
商品やサービスの選択の幅が大きい。

から多くの人が集まってくる。それは、都市には次のような利点があるからである(表-5)。

これらの利点があるから人々は都市に集まり、人が集まることでさらに利便性は向上し、人口の集中は加速される。けれども、利便性を生む反面、都市を維持するために社会は大きな無理を強いられている。そして、その無理がいろいろな環境問題を生む原因になっている(表-6)。

表-6 都市がもたらす問題

都市の内部では	熱汚染(ヒートアイランド現象)
	騒音
	有害物質による環境汚染
都市外の地域に対しては	地下水位の低下
	有害物質による環境汚染
	生活排水等による河川や湖沼の富栄養化
	廃棄物の大量発生

都市の中の自然環境の役割

都市の利点を保つために、多少の問題は仕方がないことなのだろうか。おそらく、そうではない。これまでの都市が経済効率を重んじるあまり、このような問題を放っておいたということであって、都市としての利点を残しながら問題を解消するこ

とはできないことではない。単に、これまでの考え方にそういった視点が足りなかっただけである。

　都市の中に自然環境を残すことは、これらの問題の多くを解消するのに大きな効果があると考えられている。自然環境を増やすことによって得られる利点は、都市の利便性をそこねるものではなく、むしろ都市環境を向上させることにも貢献する。諸外国の歴史のある大都市の多くが広大な緑地を都心にもっているのは、そのような利点を大きなものであると評価しているからである。

　前にも述べたが、住宅や工場や商店が集まる都市は電熱器のようなはたらきをする。それは、外から運ばれる電気や燃料がそこで消費されて熱を発散するからである。これに加えて、都市の地面はアスファルトやコンクリートでおおわれているため、昼の間に照りつけられる太陽の熱が蓄えられ、夏の夜には周囲と比べて格段に気温の高い島のような区域を作り出す。暑いからといって、多くの家がクーラーを使うと熱の発散はさらに加速される。

写真-19　作りこまれた庭園でさえ野鳥が集まってくる

しかし、こうした熱は土の地面や植物の葉からの水の蒸発によって、都市の外へ逃がしてやることができる。水の蒸発は上昇気流を生じさせて風をおこし、都市の外から新しい空気が入ってくるよう促す効果もある。これに加えて、樹木がつくる日陰は地面への直接の照りつけを和らげる効果もある。

　地面を植物で被うことは、熱の蓄積が和らげられる他に、いくつかの効果を生み出す。たとえば、植物の根によって地下水を保つことができる。立ち木が十分な密度で植えられていれば騒音を緩和し、大気中の有害物質を吸着する効果も期待できる。水路の中に水生植物が生育する場所をつくることで、生活排水などによる汚染を浄化する効果も期待できる。

　公園やポケットパークなどの、ある程度まとまった植物のある場所は、都市に潤いと安らぎをもたらすだけではなく、災害時においてもその被害を軽減させる効果があり、避難場所としても重要であることが指摘されている。震災の際に倒壊した家を支えて避難の機会を提供したり、火災の延焼を止めたり、落下物を受け止めた事例も報告されている。

　長期の避難場所として考えた場合も、学校のグランドよりも樹木のある広場の方が日陰をつくり、物干しができるなど便利な場合が多いと考えられる。

　自然教育の必要性が注目されている昨今、野生の動植物の観察ができる場が学校の近辺にあることは重要なことである。

　このような人間にとって暮らしやすい自然の多い都市には、動物のすみかも多くなるため、生物学的多様性は増加する。

都市の自然環境保全のための工夫

　多様な生き物がすむ空間としては、できる限りのことをしたとしても都市には、限度があるだろう。しかし、都市の中にも

公園や小河川(排水路)があり、街路樹や個人の庭やビルの屋上の植え込みもある。こうした小さな自然をつなげることで、地域全体として生き物の居場所を増やすことができる。

① 都市の中の自然空間

　まず、都市の中にどんな生き物のすみかがあるのか見てみよう。

　昆虫や鳥は、公園、排水路、街路樹、個人宅の庭、ビルの屋上などで見ることができる。

　同じような場所として、道路の中央分離帯、露天の駐車場、ビルの壁面などがある。このような場所では、ハヤブサの仲間がビル街に巣を作ったおもしろい例も知られている。

　学校や市役所など公共の場の空地は、地域の自然をモデルとした緑地を作るのに適している。いわゆる〈学校ビオトープ〉がここに位置づけられる。芝生や花壇にもそれぞれの役目があるだろうが、そうでなくてもよい場所は芝生や花壇から〈学校ビオトープ〉に作り変えてもよいだろう。

　街路樹や排水路は、離れた自然環境をつなげる通路としても役に立つので、学校や公園を結びながら、近隣の市街や郊外ともつながるように配置を工夫する。中には、できるだけ地域の自然にあった種類の植物を植えるとよいだろう。

　神社やお寺などの古い樹林地は、地域の樹木の種子が保存されている場所なので、良好な状態で保全できれば、新しい苗を作るときの種子を取る場所としても利用できる。

　このような視点で見直すと、都市の中にも自然環境を増やすことのできる要素が、まだまだ残されていることがわかる。人の影響の強い場所で生きていくことのできる生き物は限られているが、工夫次第でかなりの種数の生き物のすむ環境を作り出すことができるだろう。

> 学校の校庭に作られた野生生物の生息場所は〈学校ビオトープ〉と呼ばれる。環境教育の普及も目的として、(財)日本生態系協会によって広められている。

写真-20　街路樹には鳥が巣をかけることも多い

② 自然空間を増やすためのしくみ作り

　ところが、いざ、都市に自然を作り出そうとしても実際はそう簡単ではない。たとえば、公園はある程度の面積が確保できれば、都市の自然環境の核として生き物の供給源にもなりうる場所であるが、法令などによってその配置や公園内の施設(遊具、広場等)が決められていて、大きな森をつくるのには利用できない場合が多い。その決まりを少し緩和し、周囲の緑に応じた配置や内容が工夫できるようにしたい。

　生産緑地地区(市街化区域内)や市民農園(市街化区域外)の制度は、都市の中や周辺に農地を残すのに利用できる制度である。管理(利用)する人の問題は、行政と市民が知恵を出し合っていちばんよいしくみを作り出してもよいだろう。言うは易しで、これはなかなか難しいことだが、家庭菜園の場所を探している人は地域にはたくさんいるはずである。そういった人との出会い作りも重要である。

　地域の自然環境を継続的に管理する人材や予算が確保でき

写真-21　小さな緑にも昆虫のすみかはできる

ないために、その一歩を踏み出せない自治体も多いだろう。しかし、いまや市民の中には、地域の自然環境のために一肌脱ごうという人が増えているのも事実である。リサイクル（不要品売買）の世界では、いままでは買い手と売り手との出会いの機会を作るのに苦労していたが、インターネットなどの検索機能を利用して流通させる人たちも出ている。あるのに売れない人と、欲しいのに見つからないという人がこれで大きく助けられている。自然環境保全の活動をやりたい人と、やり手のみつからない作業とを出会わせるのにコンピュータネットワークは力になるだろう。保全活動については、グラウンドワークなどの地域の組織が、いろいろな活動のやり方を工夫し公表している。

　自然環境の保全とは直接つながらないが、伝統的建築様式や歴史的記念物などを保存することによって、地域性をはっきりと打ち出すことも重要である。そういった地区では、建築様式の制限を行うことで落ち着いた街並みをつくり出すこともできる。景観としての自然を活かすには、歴史のある建

物とのコーディネイトも大切である。

　個人の庭や生け垣についても、地域の自然環境の中で重要な場所にあるところでは、緑化協定や保存樹林などの制度を利用して残すことができれば、街路としての景観の統一もできる。

　このような社会的なしくみを有効に使うには、複雑に乱立している都市計画に関連する法律を整理しなくてはならないだろう。全国計画などの大きな計画が地域独自の計画を制限していることもあるので、市町村の権限を強めることも考えなくてはならない。

> 都市計画法の最新の改正案では、地域の独自性が重視されている。

　土地利用の問題には、土地の値段(地価)などの経済的な要因が陰を落としていることが多い。最近は地価が低下傾向にあるようだが、公共用地を確保するには地価の抑制策が必要となる場合もある。

③ 社会の他の要因

　自然環境そのものの問題ではないが、都市の自然環境を増やすには、次のような別の分野の問題に対しても注意しなくてはならない場合が多い。

　たとえば、公共交通機関の充実によって道路の効率的で快適な利用を進めること。あるいは、ごみの排出を減らすことによって、ごみ関係の施設(焼却場、埋立地など)の小型化を進めること。または、中水(下水の再利用)の利用を進めることによる水利用関係の施設の軽量化を進めること。

　なお、本章の課題から外れるため、これらには深入りしないが、第1章を参照しながら考えてもらいたい。土地を必要とするものは、すべて間接的には自然環境の保全に影響があるのである。

さて、最後になるが、制度と市民の意識についてふれておきたい。

　そこに暮らしている都市住民の意志を反映させた個性的なまちづくりは、都市計画関連の法律を利用することによってではなく、制度の枠外で進められることも多かったようだ。このような場合、むしろ法令は個性的な事業に対し妨害的にはたらくこともあったと考えられる。自然環境の保全活動について言えば、生き物の生息を無視した乱暴な開発であっても、法律には違反していないという場合がほとんどで、市民は世論の高まりによって止めるしかなかったケースも多かった。人が作った制度であるならば、変える必要のあることは変えていくという意識も大切である。

　逆に、住民の意識が障壁になっていることもある。これは、自然環境の保全を進めることが経済的な負担になっていたり、自然環境を壊す事業が経済的な効果をもたらす場合に多い。経済的な負担を軽減するための制度を整備すると同時に、一時的な経済価値よりも価値の高いものがあることに気づいてもらう必要もある。これは長期的な視野で行う環境教育の役割かもしれない。

❸ 農山村におけるビオトープの保全

農山村が抱える問題

　日本の場合、国土に占める面積の割合から言って自然環境保全のカギをにぎるのは農山村である。地域全体の生物多様性を保っていくには、農山村の生産の場としての機能と自然環境保全の場としての機能を両立させることが、特に大切である。

　ところが、今の農山村は、環境保全を進める上で都市に負けないほどの大きな課題をかかえている。

　直接的ではないが、環境保全を進める上でも重大な障害となっているのは、林業や農業をになう人材の減少である。人が多くても自然環境はこわれるが、いなくなっても自然はこわれていく。山の斜面が密生した杉の木といっしょに崩壊したり、放置された水田が帰化植物の基地となっている例をみると、人の継続的なかかわりの重要性がわかるだろう。

写真-22　充分な管理ができないと災害につながることもある

第二次世界大戦後しばらくして、日本は復興をささえる産業として重厚な機械や石油化学を選択した。そのため1960年代以降、地方の第一次産業の従事者や後継者が労働力としてねらわれた。第一次産業に比べ第二次産業の方が賃金が高いといった条件の違いもあり、多くの人材が日本の各地から工業地帯へと移っていった。その流れはいまも続いており、農山村の過疎化として大きな社会問題となっている。

　農山村が衰退していく背景には、その生産物に代わるものが出てきたことも関係している。たとえば、繊維、木材加工品の多くが安いプラスチック製品におきかわってきた。プラスチックは工場で大量生産できるため、天然の素材が太刀打ちできるものではなかった。

　また、建設などで利用される木材は、外国から安い丸太や材木が入ってきたため、70年から100年後の伐採を夢見て育てられた日本の森林は、その時期になって商品価値を失ってしまった。

　これと前後して、燃料としての薪や炭が石油にとって代わられた。

　このような社会の変化によって、農山村はその役割の半分を失い、人をつなぎとめる力をなくしてしまった。これは必然的な時代の流れであったのだろうか。それによって本当に日本全体の幸福度が向上したのだろうか。それはともかく、このような時代の流れを経て農山村は自然を管理する人材の不足に悩んでいる。

　農業の手法そのものが環境破壊的になってきていることも指摘されている。

　圃場整備によって地形は大きく変えられ、水路や農道はコンクリート化された。化学物質の使いすぎによって微生物や小動物がいなくなってしまった。人材の不足や経済効率の低さを機械などで補おうとしたのも原因である。

農山村での自然環境保全を経済的なルールのもとに成立させようとして、炭や自然素材の利用をすすめる動きがある。その活動自体は意義のあるものであるが、現代社会の中で農山村の自然環境を保全しながら経済的にも成立させようとするのは無理がある。いくら自然生活が浸透しても燃料や生活素材が昔にもどることはありえない。となるとやはり、はっきりと自然環境の保全を目的とした計画的な土地利用の中で考えなくてはならない。努力だけでできることは限られているのである。

農山村の自然環境の価値

　農山村の自然環境を経済的に成り立たせるのが難しいのは、その価値が経済の基準で評価できない部分を多く含んでいるからである。これを見えやすくしようと、農山村がもつ経済的には見えない価値を設備などにおきかえて算出しようとする試みがなされている（表-7、8）。

　見えない経済価値は見えない以上お金にはならないが、国土保全のために重要な機能をになっているのは確かである。

　もちろん生産の場であるから、農林産物の供給源でありそのストックの場であることが第一であろう。これに加えて、教育

表-7　農地の見えない経済価値
（三菱総合研究所、1994）

水資源涵養	7,634 億円
洪水防止	23,408 億円
侵食・崩壊防止	527 億円
保健休養	31,697 億円
大気浄化	3,182 億円
土壌浄化	82 億円
合　　計	66,530 億円

表-8　森林の見えない経済価値
（林野庁、1992）

水資源涵養	42,600 億円
土砂流出防止	79,800 億円
崩壊防止	1,800 億円
保健休養	76,700 億円
野生生物保護	6,900 億円
大気浄化	184,200 億円
合　　計	392,000 億円

の場としての効果が高いことも評価されている。都会の小学校の山村留学はその教育的効果を利用した事業である。日本の伝統的な文化、祭り、生活技術もいまや農山村にしか残っていない。そうした伝統を伝承させる場としての役割は大きい。

　特に、農山村のうち中山間地と言われる地域は、日本の森林全体の80％を含み、国産資源や国産エネルギーの潜在的な保管庫となっている。将来的にエネルギー資源が少なくなっていく過程で再認識されることはまちがいがない。

農山村の自然環境保全の工夫

　農山村はいまの状態でもたくさんの自然が残されている場所である。このような現状をできるだけ活かし、さらに良好な自然環境を作っていくにはどうすれよいのだろうか。

① 森林と農地の確保

　まず考えなくてはならないことは、いまある状態の良い森林地帯を保安林もしくは自然環境保全地域として確保することであろう。また、それらが簡単に他の目的に利用されないようにするには、保安林解除や森林開発の規制を適正に行う必要がある。

　自然環境としての機能が劣る人工林も、木材生産の場として重要な役割をもっているが、経済価値が低下しその役割を果たせなくなった人工林は、自然林に転換していくことを考えても良いだろう。きちんと管理された人工林は十分な保水機能などをもっているといわれるが自然林には及ばない。

　上流の森林が高い保水力をもっていれば、下流の河川で過剰な洪水対策をしなくてもすむ。流域全体の保水力を高めることは、河川など地域の水辺の自然化を進める上でも忘れて

はならないことである。このような機能には直接的な支払いをすることを考えても良い。財源はその機能の受益者(利用者)から徴収する方法がある。一部で実施されている水源税などがこれにあたる。

　農産物の産地直送も全国的に実施されているが、重要な農地はこのような生産物の買い取り先(消費者)との提携によってまもっていくことも考えられる。産直運動では生産者と消費者が近い関係になるため、健康にも配慮した生態系保全型の農法が採用されているところも多く、農地の自然環境としての保全に効果がある。

　これまでの農業政策では農法の近代化が進められてきたが、自然環境の保全を目的とするのであれば、伝統的な農地の管理手法をしっかりと伝えていくことも重要である。農地の改変についても能率の良さだけを目的とした改変はやめたほうが良いだろう。

> 土地改良法の最新の改正案では、農地の自然環境としての側面にも注意がはらわれている。

② 人材の確保

　しかし現実には、農業や林業をとりまく経済的な環境は、自然環境の保全を議論できるほど甘くはないかもしれない。こうした小さな努力が地域の自然環境の向上に大きな効果を生むことは確実であっても、それを誰がやるのか、という問題になると解決策はなかなかみつからない。

　自然環境の中には放置することで良い環境を保つことができるところもある。しかし、農山村やその周辺の自然環境は、放置することで環境の状態が悪化する場合が多い。近年注目を集めている里山、里地とよばれる場所は、人の手が入ることで維持されてきたところであり、その状態を保つにはできるだけ当時のやりかたに近い方法で手を入れていなければならない。

> 田畑や雑木林では、人の管理によって独自の生態系が保たれてきた。
> ☞ p.101

> エコツーリズムとは、自然をそのまま楽しむ旅行を言う。自然観察や住民との交流が行われるものが多い。
>
> NPOとは、非営利団体の頭文字をとったもの。特定非営利活動促進法により、小さな市民団体でも法人として活動するところが現れている。

　最近、農山村での生活を夢見てサラリーマンをやめて田舎に移り住む人が増えてきていると言われている。しかし、町中の仕事の何倍もの努力をしても同じ生活レベルに達するのは簡単ではない。脱サラの人たちはある程度納得してやっているのだろうが、たまたま農山村に生まれた人すべてが納得できるわけではない。そして、実際には田舎から町へ、農山村から都市へ人は流れていく。

　エコツーリズムによる農山村の振興を進めている地域も多い。過剰な施設を抑え、あるがままの自然に親しむのであれば、経済効果を生みながら自然環境の保全にもつながる。里地の管理活動を進める市民組織も増えつつある、NPO法人の登録をして活動している団体の中にも農山村と組んで活動をする団体が多い。このような新しい発想がひとつの方向として期待される。

　食糧やエネルギー生産の場としても農山村に対する期待は大きくなっていくだろう。経済的な価値を高める工夫をすると同時に、ボランティア的な活動をすすめ、人々の見方を変えていかなくてはならない。

写真-23　この伝統的なエネルギーが見直されてきている

❹ 土地の私有とビオトープの保全

《 社会的制約 》

　土地利用を計画的に進めるうえで障害となっている要素のひとつに、土地の私有にかかわる問題がある。というのは、自然環境の保全で関係してくる土地の多くが個人の土地なのである。

　日本では、個人の土地の使い方に対する公共的な感覚がヨーロッパなどに比べて低く、地域全体の公共的な目的に自分の土地の利用方法が制限を受けることに対する抵抗が大きい。もちろんそれが、行政の理不尽な計画のためだということであれば、強い抵抗がうまれても当然だが、それが本当の意味での公共の利益にかなっているのかそうでないかを区別することは簡単ではない。その人の思想や立場によって違ってくる。

　しかし実際問題として、地域の土地は公有地と私有地がモザイクのように混じっていて、私有地の利用次第で地域全体の土地利用の方向性が大きく変わってくる。つまり、地域の土地利用を計画的に進めるには、その土地に対して私的な権利をもっている地主にそれを理解し受け入れてもらわなくてはならないということである。

　いまの制度でも、個人が自分の土地をどのように利用するのかは個人の自由に完全にまかせられているわけではない。たとえば、市街化区域内の建物は建築基準法によって規制を受けている。地区計画がある場合はそれにも従わなくてはならない。自然公園や保安林に指定されている区域の中には私有地が含まれているが、この中では私有地であってもいくつかの行為が制限されている。

　しかし、ヨーロッパの古い都市に比べ、日本の古い町の街並みが調和のとれたものになっていないのは、新築ラッシュの時

写真-24 ヨーロッパの街には勝手な家を建てられないところも多い

期にその方向付けを行う合意がなかったためである。地域は、基本的には自律している個人が集まって作られるものであるが、地域全体としての調和やルールがなければ決して暮らしやすい場とはならない。ヨーロッパの美しい村や伝統を感じさせる街並みはその地域に住む個人が、地域全体の調和を保つ制約を積極的に受け入れてきた結果である。自由とはそういった制約を受けたうえでの自律を言うのであり、好き勝手とは違う考え方であろう。

> この場合の制約は上から押し付けられたものではなく、地域の人々が選び取った約束ごとと言ってもよいだろう。

土地の公益性

　土地の所有は、民法、借地借家法、不動産登記法などの法律によって規定されており、個人の権利が保障されている。
　また、公共的な目的で個人の土地を買い取るときには、土地収用法などによって厳格で適正な権利の移行が行われるように決められている。

この分野に深入りするつもりはないが、公用制限(公共的な目的を実現するために個人の権利行使を制限すること)にともなう補償は、土地利用を論じる場合に避けて通ることのできない課題である。自然公園や保安林といった土地所有者の権利を制限する法律はいくつかあるが、補償の規定が法によってまちまちで、これがまた問題を生じさせる原因にもなっている。

　自然環境保全のような公共性の高い目的で個人の権利を制限する場合、それがどれほど公益性の高い事業であるのかが厳しく問われることになる。したがって、事業計画が決定されるまでの間の情報は完全に公開され、市民の合意が得られるように最大限の措置がとられなければならないだろう。住民参加と情報公開は土地利用を計画する場合の重要な要素である。

　土地に対する個人の権利が強すぎる原因として、土地が投機の対象となっていることが考えられる。土地そのものが時間を超えて存在しつづける、いわば借り物である以上、好ましくない利益を生むことは抑えられなければならない。地価抑制も土地利用の計画にとっては重要な要素となる。

　何度も繰り返すが、土地は一般の商品とは違う。売買によって所有者が代わっても変化はしない。そこに何らかの建物を建て、付加価値を増加させても100年もすればその価値はなくなり、元の土地だけが残る。だから、"子孫からの借り物"と言われる。

　動かすことができないのだから、その土地の価値は隣り合った土地との関係と切り離して考えることはできない。地域全体の中のどこに置かれているかによって役割が決まり、その土地は半永久的にその役割をはたさなくてはならない。

　極論に聞こえるかもしれないが、すべての土地が共有地であるという考え方を持たなくてはならないのではないだろうか。

> 買い取ることによって環境の保全を進める運動として、ナショナルトラストが良く知られている。所有権が確保できれば保全は確実になる。

❺ ビオトープの評価

《 地域の情報 》

　土地利用計画のときに自然環境の保全を考えに入れて計画するためには、その地域の自然環境の状態についてのくわしい情報が必要となる。

　そのくらいのことはきっと誰かがやってくれている、と思ってはいないだろうか。ところが実際には、開発などでその地域の現状を知ろうと思って調べると、肝心なことが何も分かっていないのに初めて気がつくのが現状だ。これまでは、大規模開発にともなって行なわれる環境アセスメント調査で、はじめてその対象となる区域のくわしい調査が行なわれる場合がほとんどであった。地域にアマチュアの研究者がいればその人の個人的努力によってかなりの情報が得られている場合もあるが、目のとどかない地域については何の情報もないといった状況である。今後、自然環境の保全が土地利用に反映されなければならないとなると、地域全体をくまなく調べ上げるような調査が行なわれるようになるだろうが、まだそうなってはいない。

　地域の自然環境の保全は何によって評価できるのだろうか。

　基本は、生き物の生息状況である。なぜなら、生き物が良好な環境をたもっている主体であると同時に、生き物の種数や個体数の変化が環境悪化を示す最適な指標でもあるからである。地域ごとの生き物をできるだけ詳しく調べ、継続的にその変化を記録することによって、現在、地域の環境がどの方向に進んでいるのかを予測することができる。もしも、ある生き物が明らかに減っているのであれば、その生き物を地域の自然環境保全の対象とすることができる。その生き物が増えてくればその地域の環境が良くなっていることがわかる。

もちろん生き物の調査だけで環境の変化のすべてが把握できるわけでもないし、生き物の調査をしなければ何も分からないということでもない。しかし、生き物の状況が地域の環境を把握するいちばんわかりやすく役にたつ情報であることはまちがいない。しかも、けっこう安く済む方法でもあり、部分的にボランティアや小学生の参加を受け入れることもできる。

生物調査

生き物の生息状況を把握するには、一般的に次のような手順で行われる。

① 調査範囲の設定を行う

　ある地域の自然の状況を把握するのに、直接関わりのある範囲だけの調査をすれば済むというわけにはいかない場合が多い。調査範囲を狭く設定してしまうと肝心なことが見えてこないといった問題も出てくる。

　過去の生物生息データなどを参考にしながら、特に保全の必要性の高い種の行動範囲や分布状況に十分配慮して範囲を設定しなくてはならない。

　たとえば、猛禽類が生息している可能性のある場合には、数万分の一のレベルの地形図を開き、森林の分布や土地利用などからおおよその利用範囲を推測して調査の対象とする。

　中大型哺乳類の場合、移動経路を推測するための範囲が調査対象となる。

　保全対象と考えられる種がその場からいなくなっている場合には、どこから移入してくるのかを推測し、その移入経路も調査対象とする。

　このように、生き物の分類群ごとに移動のしかたや移動能

力、分布の範囲が違い、離れた地域と深くつながっていることも多い。そうしたことを考慮して調査の対象とする範囲を広げることが大切である。

② 環境の基礎的な自然特性を把握する

　自然環境の復元や再生をする場合は特に、その場所で成立する可能性の高い環境タイプを知らなくてはならない。

　自然環境は地形や気象条件などによって成立するタイプがある程度決まってくるため、次の項目を事前に調べておくと計画が立てやすくなる。

　第一に、地形、地質、土壌、現存植生、気象状況などである。現状の土地利用図と空中写真を手に入れることができれば、よく見ておくことが必要である。さらに、人の利用との関係を把握するのに、人口、施設の配置、交通量、河川の汚染状況などを調べておくことも必要である。

③ 生き物の生息状況を把握する

　過去の調査データにより、対象となる地域を中心とした広域の生物相はおおよそ推定できる。また、ある程度の調査経験のある人であれば、生息している可能性のある貴重種などの予測も可能であろう。しかし、多くの場合は過去のデータが存在しないため、主な分類群についてはあらためて現地調査を行い、そこに生息・生育している生き物を確認する。

　生物調査は一般に表-9のような項目が行われる。

　このとき、一度の調査で生息している生き物のすべての種が明らかになるわけではない、ということに注意しなくてはならない。調査範囲と同じように、調査時期(春植物の開花、渡り鳥の飛来など)、調査時刻(夜行性生物の行動時間など)、調査場所(日周的な場所の移動)をまちがえると見つからない

生き物も多い。

表-9　自然環境の把握に必要な主な生物調査

調査項目	内　　容
植物相	現地踏査による生息種の記録。巨木の把握。文献にある注目種の確認
植物群落	植生図による現地の確認。植生調査による群落の分類
哺乳類相	任意踏査による個体や痕跡の記録。トラップによる捕獲
鳥類相	ルート上出現種の記録。テリトリーマッピング。定点出現種の記録
鳥類繁殖状況	任意踏査による巣、繁殖行動の確認
猛禽類行動圏	飛翔行動のトレース、行動の記録
両生爬虫類相	任意踏査による個体の確認、産卵場所の確認。タモ等による採集
魚類相	投網、タモ等による採集
昆虫類相	ビーティング、スウィーピング、ライトトラップ、ベイトトラップ
景　観	適当なポイントからの写真撮影、モンタージュ
底生生物、藻類	コドラート調査
水質調査	BOD、DO、SS、窒素、リンの測定

④　自然環境の現状を分析する

　得られた調査データは貴重な資料ではあるが、そのままではすぐに利用できない。つぎのような解析を経るとさらに利用価値は高まる。逆に、解析に耐えうるレベルの調査を実施するために解析の方法をきちんと計画してから現地におもむくほうが良い。

　まずは、確認された生物種を慎重に同定し、分類群ごとの種のリストを作成する。個体数や乾燥重量等の数値データがえられている場合には、定量的な比較のため表に直しておく。

　確認地点や採集地点が記録されている場合には、それを地図に書き入れておく。猛禽類の行動パターンの場合グリッド地図に書き入れ、土地の利用状況などを明らかにするのに用いる。地図情報に直しておくと、それぞれの種の移動特性や

生活史などから、土地ごとの利用目的(餌場なのかねぐらなのか)や移動経路が推測できる。

種のリストを並べて、採餌対象種や寄生対象種などを結び、網状につながった種間関係を推測する。場合によってはここでいるはずなのに確認されていない種を推測することもある。

このようなデータがそろっていれば、現状の自然的価値が低い場所の場合、人為的に生き物を導入するときの種の選定を行うときに役に立つ。

⑤ 地理情報システム

こうして得られた自然環境に関する情報を、実際の土地利用に使おうとする場合、その地域のたくさんの情報を総合的に考えなければならない。その上、膨大な情報をその地域の地図の上で表現してはじめて利用できるかたちになる。このような地図上に書き込んだ情報を地理情報と呼ぶ。

地理情報はテーマごとに別々の地図を作るのが普通だが、判断するときにはそれらを重ね合わせて検討する作業が生じてくる。重ね合せる地図の枚数が少なければ手作業で進めることもできるが、近年は多数の地理情報をコンピュータ画面上で重ね合せ、高度な演算処理を進めることができるようになっている。こうしたコンピュータによる地理情報の処理手法は地理情報システム(GIS)と呼ばれている。

現在の地理情報システムの利用は、道路計画や下水道計画といった都市建設の分野で主に進められている。森林計画などでも試みられてはいるが、都市計画区域外でのデータはまだまだ少ない。しかし、今後は多くの地理情報がコンピュータによって処理されるように変わってくると考えられており、生き物の生息場所や移動経路などもそうした形での保管が必要になってくるだろう。

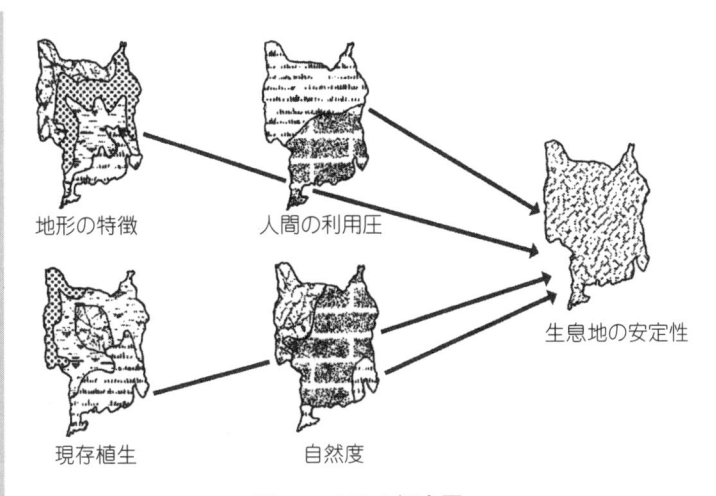

図-13 GISの概念図
（GISを利用すると膨大な量のデータを利用することができる）

　しかし、地理情報システムに生き物の生息情報を組み込み土地利用に活用するためには、いくつかの問題がある。ひとつは、生き物の生息状況に関するデータの安定度が他の地図上のデータに比べて低いことがあげられる。地形や建築物に比べ年によって大きく変化する生き物の生息状況を、他の情報と地図の上で関連付けて考えるには、利用する者の生き物に関する豊富な知識が要求される。

　生き物の分布や生息地の情報は、地域の研究者が業務ではなく個人的興味によって蓄積したものが多い。そのため、重要な情報の多くは公表されておらず、公的な利用に供することは困難である。この問題を解決するには、自然史系の博物館など公的機関が生き物の生息状況を発表する印刷媒体を設け定期的に論文発表という形で眠っている情報の掘り起こしをする必要がある。

　一方で、開発事業に伴って実施される環境影響評価のときの調査データが、事業の進行とともにほとんどは埋もれてし

まうという現状もある。近年は情報公開条例によってこれらの資料が公開されているが、地域の環境情報として事業とは無関係に活用できる形にはなっていない。環境影響評価は多額の調査費用を費やして得られた貴重なデータであるため、事業単位の評価書としての機能しか持たない現状は非常に残念である。

　生物の生息場所の公表が盗掘や不適切な採集に利用されかねない危険性があり、種によっては簡単に生息場所が入手できる状況が望ましくない場合もあるが、地域の情報を同じ地図上の情報として保管するしくみを整えることは、土地利用計画にとって欠くことのできない要素になると考えられる。

自然環境評価の目安

　集められた生き物の種リストや生息場所の分布図を元に、地域の中のモザイク状に分かれた区域の評価を行う。その評価によって優先的に保全すべき区域と他の土地利用に供すべき区域とを分けることができる。

　ところが実際には優先順位をつけることは簡単ではない。いくつかの環境に重要性で順番をつけなくてはならない場合、現状ではそれに最適な便利な評価基準はない。しかし、たとえば、次のような視点で重要性を示すことはできる。

① 希少性

　分布の限られた個体数の少ない種あるいは生物群集があるとか、環境タイプそのものが珍しい環境であるといった見方のこと。この基準の場合、レッドリスト(絶滅の恐れのある生物種の目録)記載種がどれくらい確認されたかで評価することもできる。

> 生き物の希少性の他に、種に注目した場合、いくつかの判断材料が考えられている。
> ☞ p.87

② 歴史性

　　一度破壊されると回復が困難な植生が成立している環境であるとか、人間が作り出すことのできない環境タイプである、といった見方のこと。樹齢の高い巨木などで評価することができる。高層湿原（高山にある湿地帯）も回復困難な環境の代表であろう。

③ 固有性

　　外来種が侵入していない、地域固有の生物相が残っている環境であるとか、その地域の古い状態が保存されている環境であるといった見方のこと。人の手が絶えることなく入れられており、人と自然との共存の形がよくわかる環境である。

　とりあえずは、こうしたいくつかの基準を、その地域の特性に合わせて使っていくことができる。ものたりない気はするが、それでもこれまでの土地利用で自然の重要度が計画に反映され

表-10　在来植物の生息地評価

1	多様性高い。広域的に絶滅に瀕している植物種にとって重要度高い。特殊なタイプ。
2	多様性高い。地域において希少な植物種にとって重要度高い。
3	多様性比較的高い。希少な植物種が生息する事もある。
4	普通の生息地。希少な植物種にとって重要ではない。
5	若干の普通種にとってわずかに意味がある。

※在来動物の生息地評価も評価基準は植物とほぼ同じ。

表-11　ビオトープタイプの希少性

1	広域的に重要性高い。
2	地域的に重要性高い。
3	地区的に中程度の重要性。
4	しばしば見られるビオトープタイプ。
5	普通に見られるビオトープタイプ。

表-12 代償可能性

1	成立に150年以上、代償不可能。
2	成立に50〜150年、代償可能性の限界。
3	成立に15〜50年、適切な措置により長い時間をかけて代償可能。
4	成立に5〜15年、中期間のうちに代償可能。
5	成立に5年以内、パイオニア群集の生息地。

ることがほとんどなかった状況と比べると、これだけでも実現できれば大きな進歩であると言える。

ドイツの農村整備事業では下記の基準によって自然環境の価値を評価し、利用の方向を判断するための材料にしている(『農村整備における生態学的収支』より)。

このような基準によって個々の区域の重要性をある程度ランクづけすることができるが、前にも述べた通り、自然環境は孤立して存在しているものではない。そこで、この評価方法においても、「ビオトープネットワーク」の視点から隣り合った自然区域との結合の状況を調査し評価している。この場合、最大距離として50mという数字が使われている。これ以上離れている場合、つながっているとはみなさないということであろう。

主なネットワークの要素として次のような施設が例示されている(表-13)。

表-13

●ヘッジロウ（牧草地や耕地を区切る、高木を伴った帯状植生）
●耕地内樹林
●河畔林
●道路に沿う帯状草地
●水路

おわりに

　環境汚染や廃棄物の問題がいっこうにかたづかない現状を見て、いままでの工業社会のやりかたがまちがいであったことを指摘する人は多い。そこまで言わなくてもやりかたを変えなくてはならないと多くの人が考えている。しかし、何から手をつけたらよいのか、実際にはとてもむずかしい課題である。
　筆者は、ビオトープにそのこたえのひとつを見ていた。
　ところが、ビオトープが必ずしもそのことを意識して進められてはいないのではないかという疑問が、数年前からわきあがってきた。これまで自然環境の保全や環境教育を進めてきていた人たちの間からも、「ビオトープは自分たちのめざしているものとは違う」といった声が耳に入ってきた。その間をつなぐ役割を買って出たわけではないが、ビオトープについての考え方をより広い視点から見直すことで解消できる誤解もあるはずである。
　ビオトープとはそもそも何なのだろうか。繰り返し言うが、"自然"のことである。厳密にはいろいろと説明を加えなくてはならないが、ここでは正確な意味を求める必要はないだろう。いままで使ってきた"自然"と同じ意味の言葉である、と考えることにしよう。もし必要ならば、昔からすんでいた地域の野生の生き物たちが共存し、自由に移動できる普通の自然環境を表す言葉が、ドイツ国民の環境保全に対する哲学をともなって入ってきたものである、と考えてはどうだろうか。

　筆者が自然環境を言うのに、あえてビオトープという用語を使うのには、別のある意図がある。
　自然を表現するのに生態系という用語を使う場合、自然のしくみについて関心を引くことができる。それに対し、ビオトープは"場"を示す用語である。そこから、土地利用という具体的な考え方につながってくる。

自然環境をまもるのは、最終的には土地の利用のしかた、あるいは所有のしかたで決まる。都市には都市の考え方があり、農村には農村の考え方があるのはよくわかる。しかし、それだけでは自然環境をまもることはできない。自然環境がまもられなければ持続可能な社会は実現しない。

　持続可能な社会が、自然の中に人の社会を埋め込んだイメージだとすると、具体的には自然環境の中に人間の利用する場所が埋め込まれているということである。都市の中に自然空間が残されているのではなく、自然の中に都市的な場所が網の目のように組み込まれているということである。そして自然は地域の中で完結しているのではなく、複数の地域、さらには地球全体とつながっているものである。

　地球環境問題の解決は、いつか誰かが、どこかで何かをしてくれて実現するのではない。自分の住んでいる地域の中にある、山や川や海がどうなっていくのかに深く関係している。このように、それぞれの"場"をどのように利用するのかという課題を議論するのに、ビオトープという言葉のもつ意味を十分に生かせるのであれば、あえてなじんだ言葉"自然"ではなく、新しい言葉を使う意義があるのではないかと考える。

　書き終え読み返してみて、地域の自然環境をしっかりとまもっていくことが、なによりも大切なのだとあらためて思う。地域ごとに野生の生き物が暮らす場所を十分に確保すること。これこそが、何にも増して持続可能な社会をつくっていくための第一歩なのだ思う。

参考資料

ビオトープ保全に関連する制度

　本書の目的は自然環境の重要性を理解してもらい、その保全の考え方を知ってもらうことである。資源や廃棄物といった一見関係のなさそうな問題から話題をしぼりながら説明したのは、地球環境問題には関心があるけれど地域の動物のことには関心がない、といった人たちにも、この重要性に気づいてもらいたかったためでもある。

　しかし、そんなことはすでにほとんどの人が知っていることかもしれない。でも、実際には対策は進んでいない。それは科学的知識や理念が制度にはっきりと反映されていないからである。

　環境汚染に対する対策の歴史をふりかえると、そのほとんどは、かなしいくらいに問題が起きてしばらくしてから規制されるという事例ばかりである。内湾の水質汚濁、大気に放出される窒素酸化物や硫黄酸化物、建物のアスベスト、地下水にしみこむ有機塩素化合物、ダイオキシンなどなど。

　自然環境の保全についてはどうだろうか、それを知るために、ここでは、自然環境の保全と土地利用に関係のある現在の制度をひととおり抜き出してみた。利用できる制度や問題の多い制度にはその都度コメントを加えてある。

　なお、法律はたびたび改正されるが、近年は社会状況が急激に変化しており、特に環境、都市計画、農林業などに関する法律の改正が頻繁に行なわれている。ここにかかれた内容はあくまでも執筆時のものであり、実際に必要な場合は最新の法律を参照することをおすすめする(2000年3月13日現在)。

❶ 日本の環境法体系

❏ 基本理念を定めた環境基本法

環境基本法は1993年に成立した環境法の中では比較的新しい法律であるが、環境関連法全体の枠組みを定め、全体を統括する役割をもっている。それまでは、公害対策基本法(1967～1993年)と自然環境保全法(1972年～)がその役割を担っていたが、この環境基本法の成立によって公害対策基本法と自然環境保全法の基本法に関わる部分(旧第1章後半)が廃止された。

基本法では環境保全に関する施策の指針として次の3項目が上げられている。
① 環境の自然的構成要素を良好な状態に確保する。
② 生物の多様性を確保し、多様な自然環境を体系的に保全する。
③ 人と自然との豊かな触れ合いを保つ。

この指針に基づき様々な環境対策が総合的に実施される。

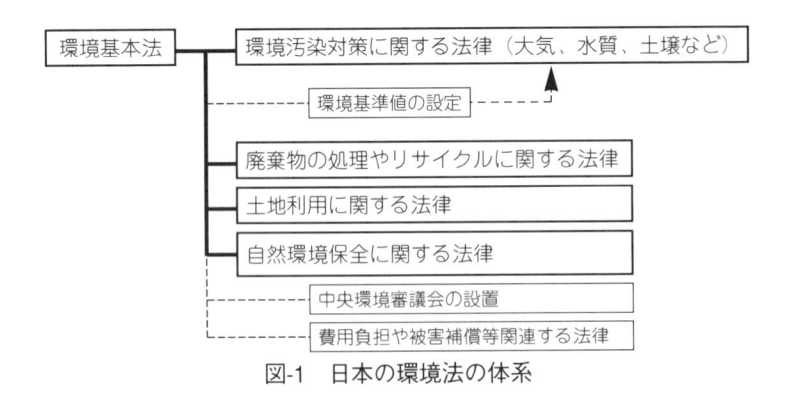

```
環境基本法 ─┬─ 環境汚染対策に関する法律（大気、水質、土壌など）
            ├┄┄ 環境基準値の設定
            ├─ 廃棄物の処理やリサイクルに関する法律
            ├─ 土地利用に関する法律
            ├─ 自然環境保全に関する法律
            ├┄┄ 中央環境審議会の設置
            └┄┄ 費用負担や被害補償等関連する法律
```

図-1　日本の環境法の体系

❏ 環境汚染関連の法令

大気や水質に関しては排出源を直接規制する排出(排水)基準があり、指定された事業所を直接規制することができる。また、大気、水質に加え土壌、地下水について環境中の汚染物質を規制する環境基準がこれとは別に設定されてお

り、公共的な環境での汚染物質の濃度の変化が継続的に測定されている。

広域的な大気汚染、水質汚濁、土壌汚染の他に、騒音、振動、地盤沈下、悪臭といった近隣型公害が同様に問題視されており、それぞれが法律によって規制されている。これらは典型7公害と呼ばれてきた。

大気汚染や水質汚濁に関しては、法律制定当初、規制地域の限定、濃度による規制、経済との調和といった項目が含まれていたが、法律の目的を妨げるということで、数回の改正を経る間に、地域指定の廃止、総量規制方式の導入が行なわれ、新たな規制対象物質が追加され現在に至っている。

表-1 環境汚染に関連する主な法律

大気汚染防止法（1968年〜）
特定物質の規制等によるオゾン層保護に関する法律（1988年〜）
スパイクタイヤ粉じんの発生の防止に関する法律（1990年〜）
自動車から排出される窒素酸化物の特定地域における総量の削減等に関する特別措置法（1992年〜）
地球温暖化対策の推進に関する法律（1998年〜）
水質汚濁防止法（1970年〜）
湖沼水質保全特別措置法（1984年〜）
水道原水水質保全事業の実施の促進に関する法律（1994年〜）
特定水道利水障害防止のための水道水源水域の水質保全に関する特別措置法（1994年〜）
農地用の土壌の汚染防止等に関する法律（1970年〜）

❏ 廃棄物等の処理に関連する法令

一般廃棄物は市町村が処理施設を備えて地域内処理を行なうことが原則だが、近年の家庭や事務所からの廃棄物の増加に対応しきれない自治体が出てきている。一方、産業廃棄物に関しては、特に有害な物質を含む廃棄物の適正な処理が急務となっており、管理票によって違法な処理ができないようなしくみが検討されている。

そのような現状に対して、廃棄物の種別ごとにその回収と再利用（商品化）を

進める、リサイクル関連の法律の整備が急がれている。

表-2　廃棄物等の処理に関する主な法律

毒物及び劇物取締法（1950年～）
廃棄物の処理及び清掃に関する法律（1970年～）
再生資源の利用の促進に関する法律（1991年～）
特定有害廃棄物等の輸出入等の規制に関する法律（1992年～）
産業廃棄物の処理に係る特定施設の整備の促進に関する法律（1992年～）
容器包装に係る分別収集及び商品化の促進等に関する法律（1995年～）
特定家庭用機器再商品化法（1998年～）

❏エネルギー利用に関連する法令

　エネルギーの利用や開発に関しては、1970年代の石油ショック以来サンシャイン計画(1974年)やムーンライト計画(1978年)などのプロジェクトが進められてきたが、技術の壁が想像以上に高く計画の多くが先送りになっている。今後はエネルギー消費の伸びを前提としたエネルギー開発ではなく、削減を視野に入れた計画が必要であると考えられている。

表-3　エネルギー利用に関連する主な法律

エネルギー使用の合理化に関する法律（1979年～）
石油代替エネルギーの開発及び導入の促進に関する法律（1980年～）
エネルギー等の使用の合理化及び再生資源の利用に関する事業活動の促進に関する臨時措置法（1993年～）
新エネルギー利用等の促進に関する特別措置法（1997年～）
石油事業法（1962年～）
電気事業法（1964年～）
原子力基本法（1955年～）

❏ 自然地域の保全に関連する法令

重要度の高い自然環境は、自然公園法や自然環境保全法の地域指定によってその利用が制限されている。しかし、自然公園法は公園としての利用要求が保全要求をうわまわる場合があり十分に機能していない。自然環境保全法や文化財保護法は学術的価値の高いものに対象が限られていたため、生態系全体の保全については今後の課題となっている。森林法は林業の振興を目的とした法律であり、河川法は利水や洪水対策が中心の法律であるが、昨今の自然環境保全の世論を反映し自然環境保全を視野に入れた制度が強化されている。

これらに関しては土地利用制度の項で改めて詳細に紹介する。

表-4 自然地域の保全に関連する主な法律

自然公園法（1957年～）
自然環境保全法（1972年～）
文化財保護法（1950年～）
森林法（新法1950年～）
河川法（1964年～）

❏ 野生生物の保全に関する法令

希少価値の高い野生動植物の保全に関しては、種を対象として保護や増殖を進める法律がある。鳥獣保護及ビ狩猟ニ関スル法律は狩猟法から発展した法律であるため、保全の対象は鳥類と哺乳類に限られているが、指定されている種（狩猟鳥獣）以外は原則禁猟となっている。一方絶滅のおそれのある野生動植物種の保存に関する法律は、特殊鳥類の譲渡等の規制に関する法律(1972年～1987年)や絶滅のおそれのある野生動植物種の譲渡の規制等に関する法律（1987年～1992年)から発展した法律で、ワシントン条約(絶滅のおそれのある野生動植物の種の国際取引に関する条約、1973年～)との関係も深い。そのため、特定の希少化しつつある生物種に対象が限定されている。いずれも保護区の設定など土

地利用規制に関する項目を含んでいるため、改めて土地利用制度の項で触れることとする。

表-5　野生生物の保全に関する主な法律

鳥獣保護及ビ狩猟ニ関スル法律（1963年〜）
絶滅のおそれのある野生動植物種の保存に関する法律（1992年〜）
文化財保護法（1950年〜）

❏ 環境アセスメント実施に関係する法令

　開発事業における環境汚染や自然環境の悪化を事前調査によって評価するため、環境影響評価法が制定された。環境影響評価に関しては、各種公共事業に係る環境保全対策について(1972年)の閣議了承によってその必要性が認められたが、長い間法制化には至らず、しばらくの間、法案を骨子とした環境影響評価の実施について(1984年)がその役目を果たしてきた。今回の法制化に当たっては、影響評価を必要としない規模の事業であっても個別に判定して実施できる仕組み(スクリーニング)が取り入れられ、また、調査の方法や項目を事前に検討する仕組み(スコーピング)が盛り込まれた。さらに、住民参加の範囲も広くなり、準備書の段階で事後調査に関する記載が求められるようになった。

表-6　環境アセスメントの実施に関する法律

● 環境影響評価法（1997年〜）

❷ 土地利用のグランドデザインに関する制度

❏ 土地の分類

① 生物多様性を考慮した国土区分（1997年環境庁自然保護局試案）

　自然環境の保全にあたっては、植物相や動物相、あるいは環境タイプに応じた土地利用制限が必要となる。具体的には市町村レベルの地域でその検討がなされなくてはならないが、そのベースとなりうる地域分類を環境庁が公表している。

　この分類によって地域ブロックレベルの小縮尺におけるおおまかな群集タイプを把握する事ができ、保全の対象とすべき重要な景観、重要な群集、重要な種の選定の参考にする事ができる。実際の保全計画においては、再度より大きな縮尺で検討しなくてはならないが、このような発想が土地利用に反映されようとしている事は生物多様性の保全を進める上で大きな意義がある。

表-7　生物多様性を考慮した地域区分

北海道東部（北方針葉樹林生物群集）
北海道西部（夏緑樹林生物群集・北方針広混交林生物群集）
本州中北部太平洋側（夏緑樹林（太平洋側型）生物群集）
本州中北部日本海側（夏緑樹林（日本海側型）生物群集）
北陸・山陰（照葉樹林生物群集）
本州中部太平洋側（照葉樹林生物群集）
瀬戸内海周辺（照葉樹林生物群集）
紀伊半島・四国・九州（照葉樹林生物群集）
奄美・琉球諸島（亜熱帯林生物群集）
小笠原諸島（亜熱帯林（海洋島型）生物群集）

② 環境基本計画(環境基本法)における自然特性区分

環境基本計画では人口密度等の社会的要素も加えて、4種の地域区分を行っている。同じ地域区分に属する地域において共通する課題を抽出することができ、天然林、雑木林、都市緑地といった共通の目標に対する経験を相互に交換することが可能となる。

表-8 自然特性区分

山地自然地域	人口密度が低く森林率が高い地域。自然体験、農林業の振興を図る。
里地自然地域	人口密度が比較的低く、森林率が高くない地域。ふるさとの原型
平地自然地域	人口密度が高く、農耕地、都市が多い地域
沿岸地域	海域及び海岸線。環境維持、自然体験の場としての利用を図る。

③ 土地利用基本計画(国土利用計画法)による土地利用区分

土地利用基本計画では利用形態におうじて土地を区分している。詳しくは後述するが、この区分毎に対応する法律と管轄する行政機関が分かれており、実際の土地利用に関する規制が設定されている。

面積比を見ると、日本の国土の多くが農地や森林の土地利用を規制する法律の下にある事がわかる。農地や森林の面積率の高い農山村は、野生生物の生息環境としても価値の高い地域であることが指摘されているので、自然環境や生物多様性の保全を進めるためには農山村の土地利用規制がひとつの鍵であると考えられる。

表-9 土地利用区分

都市地域	一体の都市として総合的に開発、整備、保全する地域。
農業地域	農用地として利用すべき土地を有する地域。農業の振興を図る。
森林地域	森林として利用すべき土地を有する地域。林業振興、森林保全を図る。
自然公園地域	優れた自然の風景地。その保護及び利用増進を図る。
自然環境保全地域	良好な自然環境。その保全を図る。

❷ 土地利用のグランドデザインに関する制度

表-10　土地利用区分(土地利用基本計画)毎の主な法律

都市地域	都市計画法(1968年)、都市緑地保全法(1973年)、生産緑地法(1974年)、都市公園法(1956年)、首都近郊緑地保全法(1966年)、都市の美観風致を維持するための樹林の保存に関する法律(1962年)、古都における歴史的風土の保存に関する特別措置法(1966年)…等
農業地域	農業振興地域の整備に関する法律(1969年)、農地法(1952年)…等
森林地域	森林法(1951年)、国有林野法(1951年)、国有林野の活用に関する法律(1971年)…等
自然公園地域	自然公園法(1957年)
自然環境保全地域	自然環境保全法(1972年)
その他の土地利用関連法	集落地域整備法(1987年)、工場立地法(1959年)、建築基準法(1950年)、文化財保護法(1950年)、宅地造成等規制法(1961年)、公有水面埋立法(1921年)…等

表-11　指定状況（国土面積に対する比率）

都市計画法	25.9％
農　振　法	46.5％
森　林　法	68.5％
自然公園法	14.3％
自然環境保全法	0.3％
合　　計	155.5％（重複指定有）
無指定地域	0.6％

❏ 国土全体の土地利用に関する制度

① 国土総合開発法（1950年～）

　個々の開発法の上位に位置する、開発計画の基本法である。この法律の元で、全国総合開発計画と特定地域総合開発計画が構想され、その下に地方総合開発計画、都道府県総合開発計画が置かれるものとされている。ただし、実際には地方と都道府県の総合開発計画は作られていない。

　1955年以降、政治的な思惑もあり地域毎の開発法が多数制定されたが、必ずしも国土総合開発法との整合性が考慮されているものばかりではなく、各

地で勝手な開発が進められた。しかし、いったん既得権益が生じると簡単には廃止できず、法律相互の優先順位も明確ではなかったため、上位に位置する総合計画としての意味は薄れている。

　逆に、地域の独自性を活かした開発を進めるためには、むしろ計画権を地方に委譲し、都道府県総合開発計画を優先させるような配慮も必要であろう。

　また、省庁間の連携不足が、重複した無駄な開発を引き起こす原因にもなってきた。地方の独自性を活かしながら国土全体で均整のとれた開発を進めるには、開発関連法全体の洗い直しが必要である。

　1998年に第5次国土総合開発計画が発表された。それによると、新しい国土軸が複数検討されている。これら第2、第3の国土軸にこれまでと同じように高速道路網、鉄道網、工業地帯を建設してほしいという地域の声が反映されているのかもしれないが、1960年代の考え方を繰り返すことのできる時代ではすでにない。

② 国土利用計画法（1974年〜）
　国土総合開発法との役割分担がすっきりとしない法律であるが、地域毎の土地利用を計画するベースになるものとしてより具体的である。

　この法律にもとづいて国土利用計画が作られるが、国土利用計画には、全国計画、都道府県計画、市町村計画があり、土地の利用区分（農用地・森林・原野・水面等・道路・宅地・その他）ごとの目標面積を定めることで、バランスのとれた土地利用を進めることができるようになっている。

　全国計画・都道府県計画を基本として、各都道府県は土地利用基本計画（前述、5種類の地域区分）を定め、土地取引の許可基準としている。しかし、地域区分は現状の利用状況を追認していることが多く、実際には計画になっていない。また、相当面積の未区分地域（白地）が残されている。

　前述した通り、各地域区分ごとに違った法律があてられ、それぞれ独自の規制を行っているため、私権の制限や損失の補償等の点で統一が取れていない。

❸ 都市における緑地等の保全

❏ 都市計画の概要

① 都市計画区域

　都市の主要部分には都市計画区域が設定される。

　都市計画区域内では、開発行為（建築目的に限られた一定面積以上の造成）について都道府県の許認可が必要となり、また、建築物については建築確認が必要となる。こうした、許認可によって計画にそぐわない開発を排除することができる。ただし、建築物のない開発（駐車場等）、小面積の開発については許認可は不要である。

　建築物に対しては、建築基準法の集団規定（建ぺい率、容積率）が適用され、その地区全体の建物の高さや空間の調整がなされる。

　5,000㎡以上の取引（土地売買）は都道府県知事に届け出なければならない。

② 線引き

　都市計画区域の中を市街化区域と市街化調整区域（及び未線引き区域）に分けることを線引きと呼んでおり、これによって虫食い状態で拡張する無秩序な都市化を効率良くまとめることを目的としている。

　市街化区域は、都市形成への誘導がなされる地域で、道路、公園、上下水道が優先的に整備される。区域内には12種類の用途地域が指定され、用途地域毎に建築物の制限がある。人口密度70〜80人/ha程度になるように線を引くのが目標とされているが、実際には、将来の都市拡大を想定し農地を含むより広い面積が指定され、人口密度は大きく下回っている。都道府県知事の開発許可が必要となる地域であるが、許可不要な小面積のミニ開発が乱立しているのが現状である。

　一方、市街化調整区域では、農林漁業の用地保全が図られるため、農振法による指定も重複して受ける場合が多い。市街化区域は建設省の専権区域であるが、市街化調整区域は農水省が管轄している。原則的に開発は禁止され

③ 地区計画

　街全体の総合的な規制を行うことのできる計画である。市町村が計画を策定する。数街区、学区、町内会など小規模単位で開発抑制、建築規制ができ、マンション、小工場、風俗店などこれまでもれていた建築物を規制することができる。具体的には建築物の意匠の統一、用途の制限、壁面の後退によるコミュニティスペースの創出などが行なわれる。

④ 土地区画整理事業

　土地の配置を計画に従って変更し、公共用地を捻出し、公園・道路等を整備するための事業。公共用地以外の土地は元の所有者に適正に配分される（換地）。公共用に提供した分個人の所有する土地面積は減少する（減歩）が、事業によって地域の価値が高まり、財産価値は一般に高まると考えられている。価値が減少した場合は清算金が支払われる。

⑤ 市街地再開発事業

　駅前の開発などで行われる、区画整理事業の立体版。平面の土地の権利をビルの各階に再配分する（権利配分）。

❏ 都市における緑地確保の制度

① 風致地区（都市計画法　1968年〜）

　都市計画区域内であれば区域区分に関係なく指定することができる。風致地区においては、建築物の高さ、壁面線などが制限されるが、緑地保全に対する効果はさほど高くはない。

② 近郊緑地保全区域（首都圏近郊緑地保全法　1966年〜）

　指定は都市計画区域内であるか外であるかに関わらないが、市街化調整区

域内に指定されることが多い。特別保全区域に指定されると、凍結的な規制がかかり自由な土地利用ができなくなるため、損失補償制度が用意されている。

③ 緑地保全地区（都市緑地保全法　1973年～）

　都市計画区域内の緑地について定められる。災害防止効果のある緑地、社寺林等伝統的な価値のある緑地、風景が優れている地域が指定を受け、原則として凍結的保全を行う。地主の申し出に対し都道府県がその土地を買い取る制度が用意されている。現状では、指定されている地区は極めて少ない。

④ 緑化協定（都市緑地保全法　1973年～）

　道路境界からの後退が義務づけられている宅地、ある程度の規模を有する分譲地、公共空地、道路河川沿い等で行われる。公的な規制がかけられない私的空間での緑化を進めるのに有効である。

⑤ 生産緑地地区（生産緑地法　1974年～）

　市街化区域内の農地を宅地化農地と保全農地に区分し、保全農地は市街化調整区域へ編入するか、生産緑地地区に指定するかの選択をすることができる。生産緑地地区に指定されると、相続税の猶予または免除、譲渡所得に1,500万円の控除、固定資産税は農地としての課税、地価税は免除、といった税制面での優遇措置を受けることができる。

⑥ 保存樹林（都市の美観風致を維持するための樹林の保存に関する法律
　　　　　　1962年～）

　個人や民間施設の敷地など、他の法律では担保できない樹木・樹林を指定することができる。保存樹は、胸高直径1.5m以上、高さ15m以上、株立ちで高さ3m以上、保存樹林は、集団の面積が500㎡以上で指定対象となる。その樹林が文化財等の指定を受けた場合は解除される。

⑦ 歴史的風土保存地区（古都保存特措法　1966年～）

　届出制のため効果的な規制はできないが、その中心となる地域は特別保存地区として凍結的な保全をすることができる。対象となるのは、京都市、奈良市、鎌倉市、天理市、橿原市、桜井市、斑鳩町、明日香村に限られる。

⑧ 公園／緑地（都市公園法　1956年～）

　快適な都市環境を実現するために、都市計画区域内には下記の公園を設置しなくてはならない。市町村区域でひとり当たり公園面積10m²以上、市街地においては5m²を標準とするよう設置基準が定められている。公園内の施設（遊具、広場）が規定されていて緑地保全が制限される場合がある。また、基幹公園はまんべんなく分散させなくてはならず、面積の確保がしにくい。

表-12　都市公園の種類

基幹公園	住区基幹公園	街区公園	250mの範囲内に0.25ha
		近隣公園	500mの範囲内に2ha
		地区公園	1kmの範囲内に4ha
	都市基幹公園	総合公園	都市に応じ10～50ha程度
		運動公園	都市に応じ15～75ha程度
特殊公園			動植物園、歴史公園等
大規模公園	広域公園		超市町村の範囲に50ha以上
	レクリェーション都市		都市公園500haを含む
緩衝緑地			
都市林			動植物保護を目的とする
広場公園			休息鑑賞を目的とする
都市緑地			景観向上のために0.1ha以上
緑道			幅員10～20m程度
その他			

❸ 都市における緑地等の保全　　*149*

⑨ 工場緑化（工場立地法　1959年～）

　製造業関係で、敷地規模が9,000m^{2}以上または建築合計面積が3,000m^{2}以上の事業所が対象とされ、敷地面積に対する緑化面積が定められている。面積率は、環境施設（緑地に池などを含む）全体で全敷地面積の25％以上、緑地のみで20％以上と定められている。

⑩ 緑のマスタープラン（1976年建設省通達）

　環境保全、レクリエーション、防災、景観の4系統について、調査結果を元にした評価図を作成し、それぞれに対して緑地の配置計画を作成することとされている。

　風致地区、緑地保全地区、生産緑地地区、都市計画公園などの既存の制度を多面的に利用して、統一のとれた緑地を実現するための方法を示したもの。

　1994年には、都市緑地保全法の改正によって法制度として確立され、「緑の保全及び緑化の推進に関する基本計画」と呼ばれるようになった。

⑪ 都市景観や緑地を保全するための条例

　各市町村独自で、都市の中にうるおいのある空間を維持するための条例が定められている。伝統的な街並み保存を目的としたものや緑地・公園の保全を進める条例など多数の条例が制定されている。

表-13　都市環境保全に関する条例

金沢市伝統環境保存条例（石川県）、倉敷市伝統美観保存条例（山口県）、倉敷市伝建地区保存条例（山口県）、柳川市伝統保存条例（福岡市）、萩市歴史的風景保存条例（山口県）、高山市市街地景観保存条例（岐阜県）、京都市市街地景観条例（京都府）、松江市伝統美観保存条例（愛媛県）、津和野町環境保全条例（島根県）、南木曽町妻籠宿保存条例（岐阜県）、神戸市都市景観条例（兵庫県）、仙台市杜の都の環境をつくる条例（宮城県）、稚内市緑のまちづくり条例（北海道）、嵐山町の緑を豊かにする条例（埼玉県）、八千代市ふるさとの緑を守る条例（千葉市）、小田原市緑と生き物を守り育てる条例（神奈川県）、芦屋市緑ゆたかな美しいまちづくり条例（兵庫県）、中山町自然林野保護条例（愛媛県）、白浜氏緑をつくり守る条例（和歌山県）、町田市緑の保全と育成に関する条例（東京都）、等

こうした条例以外にも地域独自の協定、ガイドライン、規制がつくられ景観や緑地の保全に効果をあげている。

⑫ 遊休土地転換利用促進地区制度（1990年建設省通達）
　市街化区域において、廃屋残存地や高容積率地区での資材置場等、低利用地の利用促進を図るための制度。空き地も遊休土地と見なされるため、地域の緑地や広場等として利用している場所は他の制度によって確保する必要がある。

❏ 都市及び近郊での農地との区分け

① 都市計画区域（都市計画法　1968年〜）
　市街化区域では農地は積極的に都市的土地利用に転換されて消滅し、市街化調整区域では農地の転用が制限されて残っていくのが原則である。しかし、市街化調整区域で規制の盲点をついた無秩序な開発が行なわれる事があり、特に農振地域に指定されていない区域では無秩序な宅地化が進む。都市計画区域で区域区分の行われていない（市街化区域でも市街化調整区域でもないいわゆる白地）区域においても無秩序な開発が進められる。また、都市計画区域外でかつ農振地域外の地域においては、両法いずれの規制もかからないため、無秩序な開発が進行する。したがって、都市計画法は、市街化を区域内に収めることには有効ではない。

② 農振地域（農業振興地域の整備に関する法律　1969年〜）
　農地の壊廃を防止するため、農振地域（農業振興地域）を定め、この中で特に農用地に適した土地を農用地区域（青地）とする（農振地域内の青地以外の地域は白地区域と呼ぶ）。農用地には、農地（耕作地）、採草放牧地、関連施設が含まれ、農用地区域内の農地の転用、開発は禁止される一方、農業補助施策を優先的に受けることができる。しかし、白地区域内農地では無秩序な転用が行なわれ、農村全体の退廃のきっかけとなっている。

市街化区域内には農振地域を設定することはできない。

③ 集落地域（集落地域整備法　1987年〜）
　　都市計画区域と農振地域の重複地域を調整するのために設定される地域である。建設省、農水省が共同で管轄する。戸数150戸以上の集落が対象で、全国に約6,000箇所存在する。集落地域では、社会サービスの充実、生活環境の改善、経済の活性化が図られるが、開発許可基準が一部緩和され、乱開発につながる。垣根や屋敷林など集落の景観を維持しているものに対する規制がない。また、周辺集落への悪影響（あるいは不公平感）が生じる場合もある。

④ 市街化区域内の農林漁業に関する土地利用の調整（1969年通達）
　　良好な農耕地等は市街化区域に含めないこととされた。

❹ 農地の保全

❏ 農地の保全に関する制度

① 農業振興地域の整備に関する法律（1969年～）

　　農業振興地域整備計画を定め、農用地に適する農地を他の土地利用による改廃から保全することを目的とする。農用地区内での開発には都道府県知事の許可が必要となり、不適切な開発は規制されている。特に農業的利用を阻害する可能性のある行為は許可されない。農用地区外であっても農用地に悪影響を生じさせる可能性のある事業は規制させる。

② 生産緑地法（1974年～）

　　市街化区域内の500 m^{2}以上の農地に対し、課税免除など農地の優遇措置を図るための制度を定めている。都市内の農地は、災害の際の緩衝地帯としてあるいは避難場所としての機能も期待されているため、開発には市町村長の許可が必要となる。また、生産者が継続不可能になったばあい、市町村はこれを買い取りあるいは取得の斡旋をしなくてはならない。

③ 特定農地貸付に関する農地法の特例に関する法律（1989年～）

　　小規模の遊休農地を、市町村や農協の仲介により農業者以外の者に貸付ける制度を定めている。営利を目的とはできず、農業に親しもうとする都市住民の希望に応えるための制度で、後のクラインガルテン法につながる。

④ 市民農園整備促進法（1990年～）

　　クラインガルテン法と呼称される。
　　市街化区域の外において市民農園区域を設定し、レクリエーション的な利用のための整備を図るための制度が定められている。都市居住者と農業者との交流の場としても注目されている。

⑤ 土地改良法(1949年〜)

　農業生産性を向上させるために排水施設や農道を整備したり、埋立や干拓などを含めた農地の造成を行なうための必要事項を定めた法律。

　換地によって、農村地区に多様な機能を創出することも可能となった。これによって道路、役場、学校、公園、育苗施設、住宅用地等を創出することができ、農村地域の活性化につながる。しかし、逆に農地内の自然環境の消失にもつながっている。

　主として農用地区内で行なわれる。

⑥ 特定農山村地域における農林業等の活性化のための基盤整備の促進に関する法律(1993年〜)

　地理的条件が悪く生産条件が不利な地域を特定農山村地域に指定し、その活性化を図るための事業について定められている。生産性を改善する種々の施策を実施したり、都市住民の農山村体験や人材の育成を図る。

　特定農山村は林野率が75％以上、あるいは水田の半分以上が急勾配(1/20以上)の土地にある地域が指定される。

　この他、山村振興法(1965年〜)、過疎地域活性化特別措置法(1990年〜)、農村地域工業等導入促進法(1971年〜)、農山漁村滞在型余暇活動のための基盤整備の促進に関する法律(1994年〜)といった農山村の活性化を目的とした法律や制度が定められている。

❏ 農地転用の防止

① 農地転用規制(農地法　1952年〜)

　農地の転用とは農地を他の目的に利用することをいう。

　2 haを超す農地の転用は農水大臣、それ以下は都道府県知事が許可権をもつ。

　市街化区域内農地の転用は許可申請不要で届出のみ。200 m^2 未満で農業施設に利用する場合の転用は許可申請不要である。

農用地区域内の農地は転用できない。

市街化調整区域内は都市化を抑制する地域であるため農地は保全されるべきものであるが、1969年通達により甲種と乙種に分類され、甲種は原則として許可せず、乙種に関して転用の可否を判定する。転用可否の判定は一般基準と立地基準によって行なう。

表-14　農地転用の基準

一般基準	申請目的が実現する可能性
	申請目的実現のための最小限の面積であるかどうか
	集団農地を蚕食しないか、周囲の農地に悪影響を与えないか
	離農者に適切な措置がとられるか
立地基準	第3種農地は即転用許可
	第2種農地は第3種への立地が困難な場合に許可
	第1種農地は原則許可しない

表-15　農地の種別

第1種	集団農地、高生産性農地
第2種	街中あるいは公共施設近くの農地／市街地近傍の孤立した小農地
第3種	インフラ整備されている地域の農地／市街地の中の農地

❺ 森林の保全

❏ 保安林等による森林の保全

① 森林法（1951年〜）

　林業基本法の下位法で、森林生産力増進のための林業地域の指定を行うのが本来の目的である。この法律のもとで全国森林計画、地域森林計画が策定される。計画対象となった森林の土地所有者には遵守の義務が生じ、開発許可（都道府県知事）の対象となり利用が規制される。また、各営林署単位で国有林地域別森林計画が策定される。森林環境に悪影響を与える開発行為は不許可とされる事になっているが、実際には広大な面積の（毎年7,000 ha）の森林がゴルフ場等に転用されている。

② 保安林制度（森林法　1951年〜／保安林整備臨時措置法　1954〜2004年）

　指定を受けた民有林の所有者には税金免除、造林補助金、伐採制限に対する損失補償等の特典が与えられる。立ち木の伐採や土地利用目的の変更には一定の規制が課されるため保全効果はあるが、安易に指定解除されることがある。自然環境保全法による原生自然環境保全地域より規制がゆるく、それとの重複指定を禁じているため、環境保全上重要な地域の保全を妨げる要因になっている。原生自然環境保全地域以外の自然環境保全法指定地区では重複指定できるが、その地域では自然環境保全法の許可が不要となり、森林法による許可のみで開発が可能となる。

表-16　保安林解除の基準

必要最小限の面積であり、位置が妥当であるかどうか
代替保安林の指定ができるかどうか
申請した計画の実現性
利害関係者の同意
傾斜が25度以上

表-17　保安林指定面積

種　別	国　有　林	民　有　林
水源涵養	3,098,000 ha	2,778,000 ha
土砂流出防備	722,000 ha	1,058,000 ha
保　健	255,000 ha	264,000 ha
防　風	23,000 ha	31,000 ha
干害防備	16,000 ha	21,000 ha
土砂崩壊防備	13,000 ha	31,000 ha
風　致	12,000 ha	16,000 ha
飛砂防備	4,000 ha	12,000 ha
他	26,000 ha	89,000 ha
国土比	10.4％	10.7％

③ 保護林制度（1989年通達）

　保安林とは別に重要性の高い森林に関して、次の様な指定方法が用意されている。これら以外にも、レクリエーションの森制度（1972年通達）— 自然観察教育林、自然休養林等、様々な指定制度があり、多面的な森林保全の努力がなされている。

表-18　主な保護林・保存林

森林生態系保護地域 … 気候帯毎の代表的国有森林を指定、26箇所
森林生物遺伝資源保存林 … 代表的な原生林を指定、2箇所（利尻・礼文、九州中央部）
林木遺伝資源保存林
植物群落保護林
特定動物生息地保護林
特定地理等保護林
郷土の森

❏ 森林の保全に関係する制度

① 分収林特別措置法（1958年～）

　森林の所有者と造林や育林を行なう者およびその費用を負担する者との間で契約を結び、それから生じた利益を当事者が分収するしくみについて定められている。この制度によって所有者や作業者以外の市民が森林管理の事業に参画することができる。

② 緑の募金による森林整備等の推進に関する法律（1995年～）

　緑の募金を推進し、その寄付金により森林整備活動をおこなうためのしくみを定めたもの。

③ 流域に着目した森林計画（1974年）

　国有林と民有林の連携を図るための制度で、全国を44の広域流域、158の森林計画区に分ける、国有林、民有林含めた森林計画。これまでは民有林では全国225区域、国有林では全国80区域に分けられ、別々に森林計画が立てられていた。

④ 特定森林施業制度

　複層林施業、長伐期施業によって森林の持つ公益的機能の維持増進を図る制度。まとまった木材を持続的に産み出す、高蓄積持続高循環森林を実現することを目的としている。

⑤ 中核林業振興地域育成対策（1976年）

　全国200地域を振興地域に指定、市町村を基本単位に整備基本方針・整備計画を作成する。森林面積は10,000 ha以上、民有林の人工林率が50％以上が指定条件とされている。地域森林計画の他、土地利用基本計画、農振地域整備計画、山村振興計画との整合性に配慮して実施される。

⑥ 山村振興法(1965年～)

　林野率75％以上、人口密度が1.16人／ha未満の山村が指定され、経済力を高めるたの道路整備などについて定められている。

❻ 自然保護地域の保全

① 自然公園法（1957年～）

　自然の風景地の保護と、その利用の増進を目的とする法律である。植生管理などを行なう保護計画と交通規制や入山規制を行なう利用計画が策定される。表-19の地域が指定を受けており、その管理のために、西表、阿蘇、瀬戸内海、大山隠岐、吉野熊野、中部山岳、富士箱根伊豆、日光、十和田八幡平、利尻礼文、阿寒の地域に国の管理事務所が置かれている。本来が、利用の増進を主な目的とした法律であるため、観光開発が過度に進み利用過剰となり、自然景観が損なわれる場合がある。また、地域指定のみで土地の国有化などを行なわないため、地権者の利用に配慮しなくてはならない。

表-19　自然公園の種類

国立公園	環境庁指定・国管理	28箇所
国定公園	環境庁指定・都道府県管理	55箇所
県立公園	知事指定・都道府県管理	303箇所

表-20　地区の指定

特別保護地区	人為的な現状変更禁止。伐採禁止。国立公園面積の12.5％
海中公園地区	特別保護地区に同じ。
第1種特別地域	特別保護地区に準ずる。10％以内の択伐可能
第2種特別地域	農林漁業活動との調整を図る。2ha以内の皆伐可能
第3種特別地域	通常の農林漁業活動が認められる。伐採制限はない。
普通地域	行為は届け出るだけ。

② 自然環境保全法（1972年）

　自然環境保全の基本理念を定めた基本法の性格をもっていたが、現在この部分は環境基本法へ移行した。貴重で学術的価値の高い自然地域の保全を主な目的とする。自然環境保全基礎調査として多く項目（現存植生図・群落リスト作成、種の多様性、巨樹・巨木、身近な生き物等）について自然環境調査が継続的に実施され、これらの結果が、地域指定等の原資料となる。後発の法律であるため、自然公園法による指定地域を重複指定できず、また、原生自然環境保全地域は保安林とも重複指定できない。さらに、原生自然環境保全地域は民有地に対しては指定できない（自然環境保全地域でも利害調整の困難さから、笹ヶ峰以外に民有地は含まれない）ため、指定地域は限定的なままで置かれている。学術的な価値の低い自然環境は指定されにくいことも、指定地域の拡大を妨げる要因となっている。

表-21　指定地域

原生自然環境保全地域　　5箇所 ● 原生自然地域　1,000 ha 以上 　　　　　（島は300 ha 以上）		遠音別岳	1,895 ha
		十勝川源流部	1,035 ha
		南硫黄島	367 ha
		大井川源流部	1,115 ha
		屋久島	1,219 ha
自然環境保全地域　　10箇所 ● 高山植生　　　1,000 ha 以上 ● 天然林　　　　100 ha 以上 ● 特殊な地形　　10 ha 以上 ● 水域　　　　　10 ha 以上 ● 貴重生物の生息地　10 ha 以上		太平山	674 ha
		白神山地	14,043 ha
		早池峰	1,370 ha
		和賀岳	1,451 ha
		大佐飛岳	545 ha
		利根川源流部	2,318 ha
		笹ヶ峰	537 ha
		白髪岳	150 ha
		稲尾岳	377 ha
		崎山湾	128 ha
都道府県自然環境保全地域		519箇所	73,609 ha

表-22　主な規制（許認可事項）

原生自然環境保全地域	立入制限地区	立入、鉱物・落葉枝採取
自然環境保全地域	特別地区	地形改変、排水
	野生動植物保護地区	野生動植物の捕獲・採集
	海中特別地区	建築、鉱物採取
	普通地区（上記以外）	（規制行為については届け出）
都道府県 自然環境保全地域	特別地区	上に準ずる
	野生動植物保護地区	〃
	普通地区（上記以外）	〃

③ 国民環境基金活動に係る相続税の優遇措置（1985年通達）

　イギリスから生まれたナショナルトラスト運動を進めるための制度である。

　ナショナルトラスト運動とは、野生生物の重要な生息地や貴重な自然環境である土地を、寄付金等を元に市民団体等が買い取って保全しようとする活動をいう。

　個人あるいは任意団体が土地を取得する場合には大きな負担があるため、買い取り活動を進める事は困難であったが、この税制上の措置により負担が軽減された。取得した土地は公的に利用されることとなっている。

❼ 野生生物種の保全

① 絶滅のおそれのある野生動植物種の保存に関する法律（1992年〜）

それまでの譲渡規制法（絶滅のおそれのある野生動植物の譲渡の規制等に関する法律）から発展して作られた法律で、ワシントン条約[注]の国内法としての役割も担っている。施行規則に対象種が列挙されており、対象種個体の捕獲・採取・損傷・譲渡等に許可が必要となる。また、所持している場合は登録しなくてはならない。

保存対象種は、国内希少野生動植物種（鳥類38種、哺乳類2種、両生爬虫類2種、魚類2種、昆虫類4種、植物3種）、国際希少野生動植物種（ワシントン条約付属書Ⅰと同じ）、緊急指定種（鳥類1種、昆虫類2種、1997年12月27日ま

表-23　生息地の保護（生息地等保護区の設置）*

管理地区	立入制限地区	期間は繁殖期等に限り、立入が禁止される。
	上記以外の地区	営巣地・産卵地等。規制行為の許可が必要。
監視地区		規制行為の届け出

*種ごとに対応する。

表-24　生息地等保護区及び管理地区

指定種	指定区域	保護区の面積
ミヤコタナゴ	栃木県大田原市羽田	60.6ha（12.8ha）
キタダケソウ	山梨県北巨摩郡芦安村	38.5ha（38.5ha）
ハナシノブ	熊本県阿蘇郡高森町	1.13ha（1.13ha）
ハナシノブ	熊本県阿蘇郡高森町	7.05ha（1.94ha）
ベッコウトンボ	鹿児島県薩摩郡祁答院町	153ha（60ha）
キクザトサワヘビ	沖縄県島尻郡仲里村・具志川村	600ha（255ha）

（　）うち管理地区

（注）ワシントン条約（絶滅のおそれのある野生動植物の種の国際取引に関する条約）
　　　野生生物の輸出入の規制に関わる条約で、規制対象種は付属書Ⅰ〜Ⅲに約35,000種掲載されている。付属書の番号は、その種の希少性のランクを示し、Ⅰが最も絶滅の可能性が高い。規制対象には生きている個体だけでなく、死体、部分、加工製品も含まれる。

表-25　保護増殖事業対象種

保　護　種	事　業　区　域
アホウドリ	東京都鳥島
トキ	新潟県佐渡が島
シマフクロウ	北海道
タンチョウ	北海道
キタダケソウ	山梨県北岳
ミヤコタナゴ	関東地方の分布域
ツシマヤマネコ	長崎県対馬
イリオモテヤマネコ	沖縄県西表島
ハナシノブ	熊本県阿蘇地方の分布域
ベッコウトンボ	鹿児島県藺牟田池
イタセンパラ	中部近畿地方の分布域
イヌワシ	全国の繁殖地
レブンアツモリソウ	北海道礼文島
アベサンショウウオ	京都府、兵庫県の分布域
ヤンバルテナガコガネ	沖縄県北部の分布域
ゴイシツバメシジミ	奈良県、熊本県、宮崎県の分布域
ノグチゲラ	沖縄県北部の分布域

　で)となっている。また、特に重要な種については、生息地の保護と増殖事業が行なわれている。生息地等保護区については、対象種数、指定面積とも十分ではないとの批判もある。

② 鳥獣保護及ビ狩猟ニ関スル法律（1963年〜）

　ゲームハンティングの適正化と、有害鳥獣の駆除による生活環境改善、農林水産業の振興を目的として制定された法律。狩猟免許制度や狩猟の規制について定められている。狩猟については狩猟時刻、狩猟禁止場所、狩猟期間、狩猟許可種が明記されており、許可種は現在、鳥類29種、哺乳類18種が指定されている。狩猟対象種の増殖を図るため、鳥獣保護区が設定されており、ここでは、自然公園や自然環境保全区域のような利用規制がかけられている。

表-26　鳥獣保護区の設置数

	国設保護区	都道府県設
森林鳥獣生息地	2（5）	2,024（464）
大規模生息地	15（12）	26（30）
集団渡来地	17（5）	209（37）
集団繁殖地	13（10）	43（19）
特定鳥獣生息地	17（16）	45（17）
愛護地区	0	475（17）
誘致地区	1（0）	705（43）
合　計	65（48）	3,527（627）

（　）うち特別保護地区

1996年の通達により鳥獣保護区に種別が設けられた。1999年の改正で有害鳥獣駆除が安易に実施されることが危惧されているが、本来が狩猟法であるため動物の保護には他の規制との併用が必要であろう。

③ 文化財保護法（1950年〜）

　歴史的資料、遺跡、伝統的建造物群、芸術（無形文化財）、民俗資料、名勝地、学術的価値の高い動植物・鉱物など、文化財の保護を目的とした法律。動植物の分野では、天然記念物として動物165件（主な生息地）、植物248件（自生地）が指定されている。この中で特に価値の高いものについては特別天然記念物（例：屋久島スギ原始林、八代のツル渡来地）という指定がある。また、地域を定めず種で指定することもできる（例：オオサンショウウオ、アマミノクロウサギ、ライチョウ、ニホンカモシカ、土佐の尾長鳥）。生息地指定の場合はある程度の利用規制がかけられるが、対象種が移動してそこから離れると効果はなくなるし、生息地全体をカバーするものともなっていない。さらに、学術的、歴史的に珍しいことが指定を受ける条件であるため、指定対象は限られる。

④ 漁業法（1949年〜）

　公共水面での民主的な漁業を進めるための規則が定められている。これによって漁業権が設定され漁場の管理や漁業についての規制がなされる。これに加え水産資源保護法（1951年）や海洋生物資源の保存及び管理に関する法律（1996年）によって、漁法の規制や水産資源の保全が進められる。あくまでも漁業の維持と安定した漁獲を目的としているため、経済魚種以外の水生動物に対する視点はない。

❽ 水辺の自然環境保全

① 河川法（1964年〜）

　河川災害の防止、適正な水利用を目的として作られた法律。1997年に改正がなされ、環境の整備・保全が目的に加えられた。特に河川やダム周囲の樹林帯の保全が位置づけられた点は大きい。河川法の対象となるのは、一級河川（109水系13,831本、建設大臣が指定、管理）、二級河川（2,696本、知事が指定、管理）、準用河川（13,764本、市町村長が指定、管理）で、それ以外は普通河川と呼ばれ河川法の対象とならない。

　1990年多自然型川づくりに関する通達が出され、過度のショートカットを避ける、川幅を一律にしない、護岸は生物の生育環境と景観保全に配慮する、といった自然環境を保全する形の河川改修方法に移行しつつある。

② 海岸法（1956年〜）

　自然災害等から海岸を保護する事を目的として作られた法律で、堤防や護岸等の設置について定められている。1999年に改正され、自然環境保全の考え方が加えられ、砂浜への自動車の乗り入れ制限もできるようになった。都道府県には海岸保全基本計画の策定が義務づけられている。

主な参考文献（発行年順）

1975　『有限の生態学』、栗原　康、岩波書店
1981　『沈みゆく箱船』、ノーマン・マイヤース、岩波書店
1983　『海洋化学』、西村雅吉編　産業図書
1986　『エントロピーとエコロジー』、槌田　敦、ダイヤモンド社
1986　『イマジネーションの生態学』、イディス・コッブ、思索社
1987　『ブリトルパワー』、エイモリー・B・ロビンス他、時事通信社
1987　『環境と福祉の経済学』、桂木賢次、ミネルヴァ書房
1988　『地球化学入門』、半谷高久、丸善
1989　『資源ハンドブック』、資源ハンドブック編集委員会、丸善
1989　『無責任援助大国ニッポン』、村井吉敬、JICC出版局
1990　『地球について』、原田憲一、国際書院
1990　『熱学第二法則の展開』、小野・槌田・室田・八木、朝倉書店
1990　『コモンズの経済学』、多辺田政弘、学陽書房
1991　『地球汚染からの脱出』、山田国広、アグネ承風社
1991　『センス・オブ・ワンダー』、レーチェル・カーソン、佑学社
1991　『環境経済学』、植田・落合・北畠・寺西、有斐閣
1992　『腸内宇宙』、馬場練成、健康科学センター
1992　『限界を超えて』、ドネラ・H・メドウズ 他、ダイヤモンド社
1992　『地球システム科学入門』、鹿園直健、東京大学出版会
1992　『地球共生系とは何か』、東正彦・安部琢哉 編、平凡社
1992　『さまざまな共生』、大串隆之 編、平凡社
1992　『永続的発展』、マイケル・レッドクリフト、学陽書房
1992　『日本を救う最後の選択』、(財)日本生態系協会、情報センター出版局
1992　『アメリカの環境保護法』、畠山武道、北海道大学
1992　『地球環境のための市場経済革命』、OECD、ダイヤモンド社
1992　『自然環境復元の技術』、杉山恵一・進士五十八 編著、朝倉書店
1992　『豊かさの裏側』、アースデイ日本、学陽書房
1992　『アジアを食べる日本のネコ』、世界食糧デイグループ、梨の木舎
1992　『日本型環境教育の「提案」』、清里環境教育フォーラム、小学館

主な参考文献

1993	『GAIA　生命惑星・地球』、ジェームズ・E・ラヴロック、NTT出版
1993	『森が消えれば海も死ぬ』、松永勝彦、講談社
1993	『ビオトープ』、自然環境復元研究会、信山社
1993	『地域自立の経済学』、中村尚司、日本評論社
1994	『生体内金属元素』、糸川嘉則・五島牧郎　編、光生館
1994	『生物の保護はなぜ必要か』、W. V. リード、K. R. ミラー、ダイヤモンド社
1994	『ビオトープネットワーク』、㈶日本生態系協会、ぎょうせい
1994	『水辺ビオトープ』、自然環境復元研究会、信山社
1994	『ゆがむ世界ゆらぐ地球』、アースデイ、日本編、学陽書房
1994	『自然浄化処理技術の実際』、鵜飼信義・依田　亮、地人書館
1994	『インタープリテーション入門』、キャサリーン・レニエ　他、小学館
1995	『環境理解のための熱物理学』、白鳥・中山、朝倉書店
1995	『必然の選択』、河宮信郎、海鳴社
1995	『菌根の生態学』、M. F. アレン、共立出版
1995	『微生物の共生系』、清水　潮、学会出版センター
1995	『花・鳥・虫のしがらみ進化論』、上田恵介、築地書館
1995	『循環の経済学』、室田・多辺田・槌田、学陽書房
1995	『飢餓の世紀』、レスター・R・ブラウン、ダイヤモンド社
1995	『なぜ経済は自然を無限ととらえたか』、中村　修、日本経済評論社
1995	『自然環境アセスメント技術マニュアル』、自然環境アセスメント研究会　自然環境研究センター
1995	『ビオトープネットワークⅡ』、㈶日本生態系協会、ぎょうせい
1995	『都市計画の比較研究』、ヴィンフリート・ブローム、日本評論社
1995	『環境法』、阿部泰隆・淡路剛久、有斐閣
1996	『持続可能な社会のために科学技術はいかにあるべきか』、河宮信郎　編、エントロピー学会エネルギー材料技術論部会
1996	『保全生物学』、樋口広芳　編著、東京大学出版会
1996	『保全生態学入門』、鷲谷いづみ・矢原徹一、文一総合出版
1996	『地域環境工学』、丸山・富田・三野・渡辺、朝倉書店
1996	『環境保護の法と政策』、山村恒年、信山社
1997	『地球システムの化学』、鹿園直健、東京大学出版会
1997	『花と昆虫がつくる自然』、田中　肇、保育社

1997	『土地利用小六法平成9年版』、国土庁土地利用調整課 監修、ぎょうせい
1997	『農林水産六法平成10年版』、農林水産省 監修、学陽書房
1997	『検証しながら学ぶ環境法入門』、山村恒年、昭和堂
1997	『環境法の新たな展開』、富井・伊藤・片岡、法律文化社
1997	『地球環境保護の法戦略』、坂口洋一、青木書店
1998	『共生の生態学』、栗原　康、岩波書店
1998	『環境六法平成10年版』、環境庁環境法令研究会、中央法規出版
1998	『地域生態システム学』、東京農工大地域生態システム学編集委員会、朝倉書店
1999	『環境の基礎理論』、勝木　渥、海鳴社
1999	『生物保全の生態学』、鷲谷いづみ、共立出版
1999	『地球環境よくなった？』、アースデイ2000、日本編、コモンズ

著者プロフィール

小杉山晃一（こすぎやまこういち）

常葉環境情報専門学校教員
静岡大学大学院（生物学専攻）修了後、東京大学博士課程（第三基礎医学）に一時籍を置くが中退、日本野鳥の会レンジャー等環境保全の現場を歩いてきた。
１級ビオトープ計画管理士、生物分類技能検定動物部門２級

〈主な著書〉
『日本型環境教育の提案』（小学館／協力）、『あなたもバードウォッチング案内人』（(財)日本野鳥の会／共著）、『わたしたちのハクチョウを守ろう』（学研／指導）、『学校ビオトープの展開』（信山社サイテック）（共著）等がある。

ビオトープ型社会のかたち

2000年（平成12年）5月30日　　第１版刊行

著　者	小杉山晃一	
発行者	今井　貴・四戸孝治	
発行所	㈱信山社サイテック	
	〒113-0033　東京都文京区本郷６－２－10	
	TEL 03(3818)1084　FAX 03(3818)8530	
発　売	㈱大学図書	
印刷・製本／松澤印刷		

© 2000 小杉山晃一　　Printed in Japan　　ISBN4-7972-2548-3 C3040